7.3.5 制作午后甜点包装

7.4 制作饮料包装

7.5 制作 MP3 包装

8.1 制作旅游网页

8.1.5 制作食品网页

8.2 制作婚纱摄影网页

8.2.5 制作流行音乐网页

8.3 制作写真模版网页

8.4 制作汽车网页

9.1 制作西餐厅代金券

9.2 制作寿司宣传单

9.3 制作汽车广告

9.4 制作少儿读物书籍封面

9.5 制作茶叶包装

5.2.5 制作奶茶宣传单

5.3 制作饮水机宣传单

5.3.5 制作促销宣传单

6.1 制作结婚戒指广告

6.1.5 制作钻戒广告

6.2 制作液晶电视广告

6.3 制作雪糕广告

6.4 制作笔记本电脑广告

6.5 制作化妆品广告

7.1 制作咖啡包装

7.3 制作酒盒包装

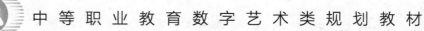

中等职业教育数字艺术类规划教材

边做边学

Photoshop CS5

图像制作案例教程

魏哲 主编 孙慧霞 副主编

人民邮电出版社

北 京

图书在版编目（CIP）数据

Photoshop CS5图像制作案例教程 / 魏哲主编. --
北京 ： 人民邮电出版社，2014.6（2022.8重印）
　　（边做边学）
　　中等职业教育数字艺术类规划教材
　　ISBN 978-7-115-35070-1

　　Ⅰ．①P… Ⅱ．①魏… Ⅲ．①图象处理软件－中等专
业学校－教材 Ⅳ．①TP391.41

　　中国版本图书馆CIP数据核字（2014）第051374号

内 容 提 要

　　本书全面系统地介绍了Photoshop CS5 的基本操作方法和图形图像处理技巧，并对其在平面设计领域的应用进行深入的介绍，包括初识Photoshop CS5、插画设计、卡片设计、照片模板设计、宣传单设计、广告设计、包装设计、网页设计、综合设计实训等内容。

　　本书内容的介绍均以课堂实训案例为主线，通过案例的操作，学生可以快速熟悉案例设计理念。书中的软件相关功能解析部分使学生能够深入学习软件功能；课堂实战演练和课后综合演练，可以拓展学生的实际应用能力。在案例实训篇中，根据Photoshop 的各个应用领域，精心安排了专业设计公司的5 个精彩实例，通过对这些案例进行全面的分析和详细的讲解，可以使学生更加贴近实际工作，艺术创意思维更加开阔，实际设计制作水平不断提升。本书配套光盘中包含了书中所有案例的素材及效果文件，以利于教师授课和学生练习。

　　本书可作为职业学校数字艺术类专业课程的教材，也可供相关人员学习参考。

◆ 主　　编　魏　哲
　　副主编　孙慧霞
　　责任编辑　王　平
　　责任印制　杨林杰

◆ 人民邮电出版社出版发行　　北京市丰台区成寿寺路 11 号
　　邮编　100164　　电子邮件　315@ptpress.com.cn
　　网址　http://www.ptpress.com.cn
　　固安县铭成印刷有限公司印刷

◆ 开本：787×1092　1/16　　　　彩插：1
　　印张：14.5　　　　　　　　2014 年 6 月第 1 版
　　字数：375 千字　　　　　　2022 年 8 月河北第 15 次印刷

定价：39.80 元（附光盘）
读者服务热线：**(010) 81055256**　印装质量热线：**(010) 81055316**
反盗版热线：**(010) 81055315**
广告经营许可证：京东市监广登字20170147号

前　言

Photoshop 是由 Adobe 公司开发的图形图像处理和编辑软件。它功能强大、易学易用，已经成为平面设计领域最流行的软件之一。目前，我国很多中等职业学校的数字艺术类专业，都将 Photoshop 列为一门重要的专业课程。为了帮助中等职业学校的教师全面、系统地讲授这门课程，使学生能够熟练地使用 Photoshop 来进行设计创意，我们几位长期在中等职业学校从事 Photoshop 教学的教师与专业平面设计公司经验丰富的设计师合作，共同编写了本书。

根据现代中等职业学校的教学方向和教学特色，我们对本书的编写体系做了精心的设计。全书根据 Photoshop 在设计领域的应用方向来布置分章，每章按照"课堂实训案例－软件相关功能－课堂实战演练－课后综合演练"这一思路进行编排，力求通过课堂实训案例，使学生快速熟悉艺术设计理念和软件功能。通过软件相关功能解析，使学生深入学习软件功能和制作特色；通过课堂实战演练和课后综合演练，提高学生的实际应用能力。

在内容编写方面，我们力求细致全面、重点突出；在文字叙述方面，我们注意言简意赅、通俗易懂；在案例选取方面，我们强调案例的针对性和实用性。

本书配套光盘中包含了书中所有案例的素材及效果文件。另外，为方便教师教学，本书还配备了详尽的课堂实战演练和课后综合演练的操作步骤文稿、PPT 课件、教学大纲、商业实训案例文件等丰富的教学资源，任课教师可登录人民邮电出版社教学服务与资源网（www.ptpedu.com.cn）免费下载使用。本书的参考学时为 72 学时，各章的参考学时参见下面的学时分配表。

章	课 程 内 容	课 时 分 配
		实　训
第 1 章	初识 Photoshop CS5	4
第 2 章	插画设计	10
第 3 章	卡片设计	9
第 4 章	照片模板设计	10
第 5 章	宣传单设计	8
第 6 章	广告设计	9
第 7 章	包装设计	10
第 8 章	网页设计	8
第 9 章	综合设计实训	9
	课 时 总 计	76

本书由魏哲任主编，孙慧霞任副主编，参加编写工作的还有周志平、葛润平、张旭、吕娜、孟娜、张敏娜、张丽丽、邓雯、薛正鹏、王攀、陶玉、陈东生、周亚宁、程磊、房婷婷。由于编者水平有限，书中难免存在疏漏和不妥之处，敬请广大读者批评指正。

编　者
2014 年 2 月

目　　录

第1章　初识 Photoshop CS5

1.1　界面操作 ·············· 1
1.1.1　【操作目的】 ·············· 1
1.1.2　【操作步骤】 ·············· 1
1.1.3　【相关工具】 ·············· 3
　　1．菜单栏及其快捷方式 ·········· 3
　　2．工具箱 ················ 8
　　3．属性栏 ················ 9
　　4．状态栏 ················ 9
　　5．控制面板 ·············· 10

1.2　文件设置 ·············· 12
1.2.1　【操作目的】 ·············· 12
1.2.2　【操作步骤】 ·············· 12
1.2.3　【相关工具】 ·············· 13
　　1．新建图像 ·············· 13
　　2．打开图像 ·············· 14
　　3．保存图像 ·············· 14
　　4．图像格式 ·············· 15
　　5．关闭图像 ·············· 16

1.3　图像操作 ·············· 16
1.3.1　【操作目的】 ·············· 16
1.3.2　【操作步骤】 ·············· 16
1.3.3　【相关工具】 ·············· 18
　　1．图像的分辨率 ············ 18
　　2．图像的显示效果 ·········· 19
　　3．图像尺寸的调整 ·········· 21
　　4．画布尺寸的调整 ·········· 22

第2章　插画设计

2.1　制作秋后风景插画 ·········· 24

2.1.1　【案例分析】 ·············· 24
2.1.2　【设计理念】 ·············· 24
2.1.3　【操作步骤】 ·············· 24
　　1．使用磁性套索工具抠
　　　　图像 ··············· 24
　　2．使用套索工具抠图像 ········ 25
　　3．使用多边形套索抠图像 ······ 26
2.1.4　【相关工具】 ·············· 27
　　1．魔棒工具 ·············· 27
　　2．套索工具 ·············· 27
　　3．多边形套索工具 ·········· 28
　　4．磁性套索工具 ············ 28
　　5．旋转图像 ·············· 29
　　6．图层面板 ·············· 31
　　7．复制图层 ·············· 31
2.1.5　【实战演练】制作圣诞气氛
　　　　插画 ··············· 32

2.2　制作蓝色梦幻插画 ·········· 32
2.2.1　【案例分析】 ·············· 32
2.2.2　【设计理念】 ·············· 32
2.2.3　【操作步骤】 ·············· 32
　　1．制作蝴蝶描边 ············ 32
　　2．制作羽化效果 ············ 34
2.2.4　【相关工具】 ·············· 34
　　1．绘制选区 ·············· 34
　　2．羽化选区 ·············· 36
　　3．扩展选区 ·············· 37
　　4．全选和反选选区 ·········· 37
　　5．新建图层 ·············· 37
　　6．载入选区 ·············· 38
2.2.5　【实战演练】制作汽车杂志
　　　　插画 ··············· 38

2.3 制作时尚插画 ……………38

2.3.1 【案例分析】 ………………38

2.3.2 【设计理念】 ………………38

2.3.3 【操作步骤】 ………………38

　　1. 添加图片并绘制枫叶和
　　　 小草 ………………………38

　　2. 制作文字擦除效果 ………40

2.3.4 【相关工具】 ………………41

　　1. 画笔工具 …………………41

　　2. 铅笔工具 …………………45

　　3. 拾色器对话框 ……………46

2.3.5 【实战演练】制作儿童插画 ……47

2.4 制作茶艺人物插画 …………47

2.4.1 【案例分析】 ………………47

2.4.2 【设计理念】 ………………47

2.4.3 【操作步骤】 ………………47

　　1. 绘制头部 …………………47

　　2. 绘制身体部分 ……………50

2.4.4 【相关工具】 ………………51

　　1. 钢笔工具 …………………51

　　2. 自由钢笔工具 ……………52

　　3. 添加锚点工具 ……………53

　　4. 删除锚点工具 ……………53

　　5. 转换点工具 ………………54

　　6. 选区和路径的转换 ………54

　　7. 描边路径 …………………55

　　8. 填充路径 …………………56

　　9. 椭圆工具 …………………56

2.4.5 【实战演练】制作夏日
　　　 风情插画 …………………57

**2.5 综合演练——
　　制作滑板运动插画** ………57

2.5.1 【案例分析】 ………………57

2.5.2 【设计理念】 ………………57

2.5.3 【知识要点】 ………………57

**2.6 综合演练——
　　制作购物插画** ……………58

2.6.1 【案例分析】 ………………58

2.6.2 【设计理念】 ………………58

2.6.3 【知识要点】 ………………58

第 3 章　卡片设计

3.1 制作生日贺卡 ………………59

3.1.1 【案例分析】 ………………59

3.1.2 【设计理念】 ………………59

3.1.3 【操作步骤】 ………………59

3.1.4 【相关工具】 ………………63

　　1. 填充图形 …………………63

　　2. 渐变填充 …………………64

　　3. 图层样式 …………………66

3.1.5 【实战演练】制作美容
　　　 体验卡 ……………………67

3.2 制作养生会所会员卡 ………68

3.2.1 【案例分析】 ………………68

3.2.2 【设计理念】 ………………68

3.2.3 【操作步骤】 ………………68

3.2.4 【相关工具】 ………………73

　　1. 矩形工具 …………………73

　　2. 圆角矩形工具 ……………73

　　3. 自定形状工具 ……………74

　　4. 直线工具 …………………74

　　5. 多边形工具 ………………75

3.2.5 【实战演练】制作购物卡 ……75

3.3 制作婚礼卡片 ………………76

3.3.1 【案例分析】 ………………76

3.3.2 【设计理念】 ………………76

3.3.3 【操作步骤】 ………………76

3.3.4 【相关工具】

　　1. 定义图案 …………………80

　　2. 描边命令 …………………81

3．填充图层 ……………… 81

4．显示和隐藏图层 ……… 82

3.3.5 【实战演练】制作儿童

季度卡 …………………… 82

➤ **3.4 综合演练——**
制作旅游贺卡 …………… **82**

3.4.1 【案例分析】 …………… 82

3.4.2 【设计理念】 …………… 82

3.4.3 【知识要点】 …………… 82

➤ **3.5 综合演练——**
制作春节贺卡 …………… **83**

3.5.1 【案例分析】 …………… 83

3.5.2 【设计理念】 …………… 83

3.5.3 【知识要点】 …………… 83

第 4 章　照片模板设计

➤ **4.1 制作多彩儿童照片模板** …… **84**

4.1.1 【案例分析】 …………… 84

4.1.2 【设计理念】 …………… 84

4.1.3 【操作步骤】 …………… 84

1．制作背景效果 ………… 84

2．编辑图片效果并添加

文字 …………………… 85

4.1.4 【相关工具】 …………… 87

1．修补工具 ……………… 87

2．仿制图章工具 ………… 88

3．红眼工具 ……………… 88

4．模糊滤镜 ……………… 89

4.1.5 【实战演练】制作大头贴

模板 …………………… 90

➤ **4.2 制作人物照片模板** ……… **90**

4.2.1 【案例分析】 …………… 90

4.2.2 【设计理念】 …………… 90

4.2.3 【操作步骤】 …………… 90

1．抠出人物图像 ………… 90

2．调整图片颜色 ………… 91

4.2.4 【相关工具】 …………… 92

1．亮度/对比度 …………… 92

2．色相/饱和度 …………… 93

3．通道混合器 …………… 93

4．渐变映射 ……………… 94

5．图层的混合模式 ……… 94

6．调整图层 ……………… 95

4.2.5 【实战演练】制作温馨时刻

照片模板 ………………… 96

➤ **4.3 制作幸福相伴照片模板** …… **96**

4.3.1 【案例分析】 …………… 96

4.3.2 【设计理念】 …………… 97

4.3.3 【操作步骤】 …………… 97

1.制作背景效果 ………… 97

2.添加文字效果 ………… 98

4.3.4 【相关工具】 ………… 103

1．图像的色彩模式 …… 103

2．色阶 ………………… 104

3．曲线 ………………… 106

4．艺术效果滤镜 ……… 107

5．像素化滤镜 ………… 107

6．去色 ………………… 108

4.3.5 【实战演练】制作怀旧照片 … 108

➤ **4.4 制作个性照片** …………… **108**

4.4.1 【案例分析】 ………… 108

4.4.2 【设计理念】 ………… 109

4.4.3 【操作步骤】 ………… 109

4.4.4 【相关工具】 ………… 111

1．通道面板 …………… 111

2．色彩平衡 …………… 112

3．反相 ………………… 112

4．图层的剪贴蒙版 …… 112

4.4.5 【实战演练】制作阳光女孩

照片模板 ……………… 113

4.5 综合演练——制作
个人写真照片模板……113
4.5.1 【案例分析】………113
4.5.2 【设计理念】………113
4.5.3 【知识要点】………114

4.6 综合演练——制作
童话故事照片模板……114
4.6.1 【案例分析】………114
4.6.2 【设计理念】………114
4.6.3 【知识要点】………114

第5章 宣传单设计

5.1 制作平板电脑宣传单……115
5.1.1 【案例分析】………115
5.1.2 【设计理念】………115
5.1.3 【操作步骤】………115
5.1.4 【相关工具】………119
　1. 输入水平、垂直文字……119
　2. 输入段落文字………119
　3. 字符面板………119
　4. 段落面板………122
　5. 文字变形………123
　6. 合并图层………124
5.1.5 【实战演练】制作餐饮
宣传单………124

5.2 制作汉堡宣传单…………125
5.2.1 【案例分析】………125
5.2.2 【设计理念】………125
5.2.3 【操作步骤】………125
　1. 制作背景效果………125
　2. 制作标题文字效果……126
5.2.4 【相关工具】………129
5.2.5 【实战演练】制作奶茶
宣传单………130

5.3 制作饮水机宣传单………130
5.3.1 【案例分析】………130
5.3.2 【设计理念】………131
5.3.3 【操作步骤】………131
5.3.4 【相关工具】………134
5.3.5 【实战演练】制作促销
宣传单………134

5.4 综合演练——
制作模特大赛宣传单……135
5.4.1 【案例分析】………135
5.4.2 【设计理念】………135
5.4.3 【知识要点】………135

5.5 综合演练——
制作旅游胜地宣传单……135
5.5.1 【案例分析】………135
5.5.2 【设计理念】………135
5.5.3 【知识要点】………135

第6章 广告设计

6.1 制作结婚戒指广告………136
6.1.1 【案例分析】………136
6.1.2 【设计理念】………136
6.1.3 【操作步骤】………136
　1. 制作背景图片………136
　2. 添加并编辑图片………137
6.1.4 【相关工具】………139
　1. 添加图层蒙版………139
　2. 隐藏图层蒙版………140
　3. 图层蒙版的链接………140
　4. 应用及删除图层蒙版……140
　5. 替换颜色………141
6.1.5 【实战演练】制作钻戒广告……141

6.2 制作电视机广告…………142
6.2.1 【案例分析】………142

边做边学——**Photoshop CS5 图像制作案例教程**

6.2.2　【设计理念】·············· 142
6.2.3　【操作步骤】·············· 142
　　1. 制作背景效果·········· 142
　　2. 添加并编辑图片·········· 144
6.2.4　【相关工具】·············· 147
　　1. 纹理滤镜组·········· 147
　　2. 画笔描边滤镜组·········· 148
　　3. 加深工具·········· 148
　　4. 减淡工具·········· 149
6.2.5　【实战演练】制作豆浆机
　　广告·········· 149

6.3　**制作雪糕广告**·········· 150
6.3.1　【案例分析】·············· 150
6.3.2　【设计理念】·············· 150
6.3.3　【操作步骤】·············· 150
　　1. 制作背景装饰图·········· 150
　　2. 添加并编辑图片和标志··· 151
6.3.4　【相关工具】·············· 153
　　1. 扭曲滤镜组·········· 153
　　2. 图像的复制·········· 154
　　3. 图像的移动·········· 155
6.3.5　【实战演练】制作购物广告··· 157

6.4　**综合演练——
　　制作笔记本广告**·········· 157
6.4.1　【案例分析】·············· 157
6.4.2　【设计理念】·············· 157
6.4.3　【知识要点】·············· 157

6.5　**综合演练——
　　制作化妆品广告**·········· 158
6.5.1　【案例分析】·············· 158
6.5.2　【设计理念】·············· 158
6.5.3　【知识要点】·············· 158

第 7 章　包装设计

7.1　**制作咖啡包装**·········· 159

7.1.1　【案例分析】·············· 159
7.1.2　【设计理念】·············· 159
7.1.3　【操作步骤】·············· 159
　　1. 制作包装平面图效果··· 159
　　2. 制作包装立体效果·········· 165
　　3. 制作包装广告效果·········· 168
7.1.4　【相关工具】·············· 168
7.1.5　【实战演练】制作 CD 唱片
　　包装·········· 169

7.2　**制作美食书籍封面**·········· 169
7.2.1　【案例分析】·············· 169
7.2.2　【设计理念】·············· 169
7.2.3　【操作步骤】·············· 170
　　1. 制作封面效果·········· 170
　　2. 制作封底效果·········· 174
　　3. 制作书脊效果·········· 175
7.2.4　【相关工具】·············· 176
　　1. 参考线的设置·········· 176
　　2. 标尺的设置·········· 177
　　3. 网格线的设置·········· 178
7.2.5　【实战演练】制作作文辅导
　　书籍封面·········· 178

7.3　**制作酒盒包装**·········· 179
7.3.1　【案例分析】·············· 179
7.3.2　【设计理念】·············· 179
7.3.3　【操作步骤】·············· 179
　　1. 制作包装平面图效果··· 179
　　2. 制作包装立体效果·········· 183
　　3. 制作包装广告效果·········· 186
7.3.4　【相关工具】·············· 187
　　1. 创建新通道·········· 187
　　2. 复制通道·········· 188
　　3. 删除通道·········· 188
　　4. 通道选项·········· 188
7.3.5　【实战演练】制作午后甜点
　　包装·········· 188

7.4 综合演练——
制作饮料包装 ………… 189

7.4.1 【案例分析】 ……………… 189

7.4.2 【设计理念】 ……………… 189

7.4.3 【知识要点】 ……………… 189

7.5 综合演练——
制作 MP3 包装 ………… 189

7.5.1 【案例分析】 ……………… 189

7.5.2 【设计理念】 ……………… 189

7.5.3 【知识要点】 ……………… 189

第8章 网页设计

8.1 制作旅游网页 ………… 190

8.1.1 【案例分析】 ……………… 190

8.1.2 【设计理念】 ……………… 190

8.1.3 【操作步骤】 ……………… 190

1．添加宣传内容 ………… 190

2．制作导航条及添加文字 … 196

8.1.4 【相关工具】 ……………… 197

1．路径控制面板 ………… 197

2．新建路径 ……………… 197

3．复制路径 ……………… 198

4．删除路径 ……………… 198

5．重命名路径 …………… 198

6．路径选择工具 ………… 199

7．直接选择工具 ………… 199

8．矢量蒙版 ……………… 199

8.1.5 【实战演练】制作食品网页 … 200

8.2 制作婚纱摄影网页 ……… 200

8.2.1 【案例分析】 ……………… 200

8.2.2 【设计理念】 ……………… 200

8.2.3 【操作步骤】 ……………… 201

1．制作背景效果 ………… 201

2．编辑素材图片 ………… 204

3．添加联系方式 ………… 205

8.2.4 【相关工具】 ……………… 206

1．图层组 ………………… 206

2．恢复到上一步操作 …… 207

3．中断操作 ……………… 207

4．恢复到操作过程的任意
步骤 …………………… 207

5．动作控制面板 ………… 208

6．创建动作 ……………… 208

8.2.5 【实战演练】制作流行音乐
网页 …………………… 209

8.3 综合演练——
制作写真模板网页 ……… 210

8.3.1 【案例分析】 ……………… 210

8.3.2 【设计理念】 ……………… 210

8.3.3 【知识要点】 ……………… 210

8.4 综合演练——
制作汽车网页 …………… 210

8.4.1 【案例分析】 ……………… 210

8.4.2 【设计理念】 ……………… 211

8.4.3 【知识要点】 ……………… 211

第9章 综合设计实训

9.1 卡片设计——制作
西餐厅代金券 ………… 212

9.1.1 【项目背景及要求】 ……… 212

1．客户名称 ……………… 212

2．客户需求 ……………… 212

3．设计要求 ……………… 212

9.1.2 【项目创意及制作】 ……… 213

1．设计素材 ……………… 213

2．设计作品 ……………… 213

3．步骤提示 ……………… 213

9.2 宣传单设计——制作
寿司宣传单 …………… 214

9.2.1 【项目背景及要求】 ……… 214

1．客户名称··············214

　　　　2．客户需求··············214

　　　　3．设计要求··············214

　9.2.2　【项目创意及制作】······214

　　　　1．设计素材··············214

　　　　2．设计作品··············214

　　　　3．步骤提示··············215

9.3　广告设计——制作
　　　汽车广告·············216

　9.3.1　【项目背景及要求】······216

　　　　1．客户名称··············216

　　　　2．客户需求··············216

　　　　3．设计要求··············216

　9.3.2　【项目创意及制作】······216

　　　　1．设计素材··············216

　　　　2．设计作品··············216

　　　　3．步骤提示··············217

9.4　书籍装帧设计——制作
　　　少儿读物书籍封面·········218

9.4.1　【项目背景及要求】··········218

　　　1．客户名称··············218

　　　2．客户需求··············218

　　　3．设计要求··············218

9.4.2　【项目创意及制作】··········219

　　　1．设计素材··············219

　　　2．设计作品··············219

　　　3．步骤提示··············219

9.5　包装设计——制作
　　　茶叶包装·················221

9.5.1　【项目背景及要求】··········221

　　　1．客户名称··············221

　　　2．客户需求··············221

　　　3．设计要求··············221

9.5.2　【项目创意及制作】··········221

　　　1．设计素材··············221

　　　2．设计作品··············221

　　　3．步骤提示··············222

第1章 初识 Photoshop CS5

Photoshop 是由 Adobe 公司开发的图形/图像处理和编辑软件。本章通过对案例的讲解，使读者对 Photoshop CS5 有初步的认识和了解，并掌握软件的基础知识和基本操作方法，为以后的学习打下一个坚实的基础。

 课堂学习目标

- 掌握工作界面的基本操作
- 掌握设置文件的基本方法
- 掌握图像的基本操作方法

1.1 界面操作

1.1.1 【操作目的】

通过打开文件命令熟悉菜单栏的操作，通过选择需要的图层了解面板的使用方法，通过新建文件和保存文件熟悉快捷键的应用技巧，通过移动图像掌握工具箱中工具的使用方法。

1.1.2 【操作步骤】

步骤 1 打开 Photoshop 软件，选择"文件 > 打开"命令，弹出"打开"对话框。选择光盘中的"Ch01 > 素材 > 01"文件，单击"打开"按钮打开文件，如图 1-1 所示，显示 Photoshop 的软件界面。

步骤 2 在右侧的"图层"控制面板中单击"人物"图层，如图 1-2 所示。按 Ctrl+N 组合键弹出"新建"对话框，对话框中各选项的设置如图 1-3 所示。单击"确定"按钮新建文件，如图 1-4 所示。

图 1-1

图 1-2

图 1-3

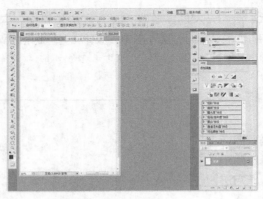

图 1-4

步骤 3 单击"未标题－1"的标题栏，按住鼠标左键不放，将图像窗口拖曳到适当的位置，如图 1-5 所示。单击"01"的标题栏，使其变为活动窗口，如图 1-6 所示。

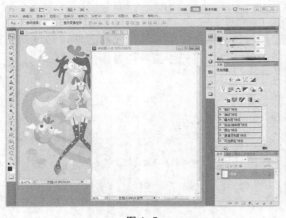

图 1-5

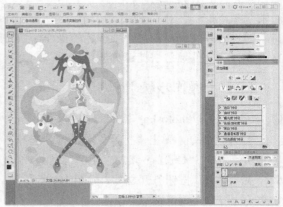

图 1-6

步骤 4 选择左侧工具箱中的"移动"工具 ，将图层中的图像从"01"图像窗口拖曳到新建的图像窗口中，如图 1-7 所示。释放鼠标，效果如图 1-8 所示。

步骤 5 按 Ctrl+S 组合键弹出"存储为"对话框，在其中选择需要的文件位置并设置文件名，如图 1-9 所示。单击"保存"按钮，弹出提示对话框，单击"确定"按钮保存文件。此时标题栏显示保存后的名称，如图 1-10 所示。

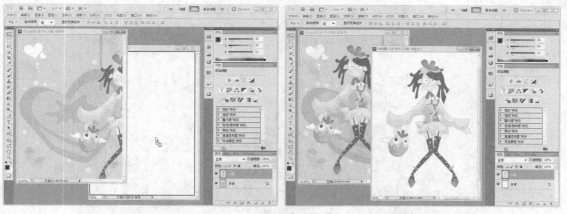

图 1-7　　　　　　　　　　　　　　　　　　　　　图 1-8

图 1-9

图 1-10

1.1.3　【相关工具】

1. 菜单栏及其快捷方式

熟悉工作界面是学习 Photoshop CS5 的基础。熟练掌握工作界面的内容，有助于初学者日后得心应手地使用 Photoshop CS5。Photoshop CS5 的工作界面主要由标题栏、菜单栏、属性栏、工具箱、控制面板和状态栏组成，如图 1-11 所示。

菜单栏：菜单栏中共包含 9 个菜单命令。利用菜单命令可以完成对图像的编辑、调整色彩、添加滤镜效果等操作。

工具箱：工具箱中包含了多个工具。利用不同的工具可以完成对图像的绘制、观察、测量等操作。

属性栏：属性栏是工具箱中各个工具的功能扩展。通过在属性栏中设置不同的选项，可以快速地完成多样化的操作。

控制面板：控制面板是 Photoshop CS5 的重要组成部分。通过不同的功能面板可以完成图像中的填充颜色、设置图层、添加样式等操作。

状态栏：状态栏可以提供当前文件的显示比例、文档大小、当前工具、暂存盘大小等信息。

标题栏
菜单栏
属性栏
控制面板
工具箱
状态栏

图 1-11

◎ 菜单分类

Photoshop CS5 的菜单栏中包括"文件"菜单、"编辑"菜单、"图像"菜单、"图层"菜单、"选择"菜单、"滤镜"菜单、"视图"菜单、"窗口"菜单及"帮助"菜单，如图 1-12 所示。

文件(F)　编辑(E)　图像(I)　图层(L)　选择(S)　滤镜(T)　视图(V)　窗口(W)　帮助(H)

图 1-12

"文件"菜单：包含了各种文件操作命令。"编辑"菜单：包含了各种编辑文件的操作命令。"图像"菜单：包含了各种改变图像大小、颜色等的操作命令。"图层"菜单：包含了各种调整图像中的图层的操作命令。"选择"菜单：包含了各种关于选区的操作命令。"滤镜"菜单：包含了各种添加滤镜效果的操作命令。"视图"菜单：包含了各种对视图进行设置的操作命令。"窗口"菜单：包含了各种显示或隐藏控制面板的命令。"帮助"菜单：包含了各种帮助信息。

◎ 菜单命令的不同状态

子菜单命令：有些菜单命令中包含了更多相关的菜单命令，包含子菜单的菜单命令的右侧会显示黑色的三角形▶，单击这种菜单命令就会显示出其子菜单，如图 1-13 所示。

不可执行的菜单命令：当菜单命令不符合运行的条件时，就会显示为灰色，即不可执行状态。例如，在 CMYK 模式下，"滤镜"菜单中的部分菜单命令将变为灰色，不能使用。

可弹出对话框的菜单命令：当菜单命令后面显示有省略号"..."时，如图 1-14 所示，单击此菜单命令，就会弹出相应的对话框，在此对话框中可以进行相应的设置。

◎ 按操作习惯存储或显示菜单

在 Photoshop CS5 中，用户可以根据操作习惯存储自定义的工作区。设置好工作区后，选择"窗口 > 工作区 > 存储工作区"命令，即可将工作区存储。

用户可以根据不同的工作类型，突出显示菜单中的命令。选择"窗口 > 工作区 > 画笔"命令，在打开的软件右侧会弹出绘画操作需要的相关面板。应用命令前后的菜单对比效果如图 1-15 和图 1-16 所示。

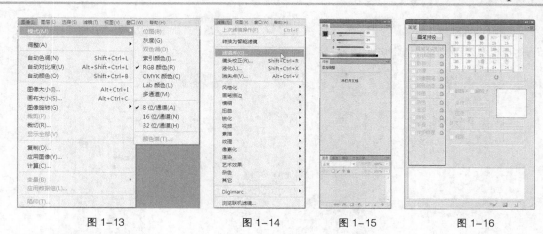

| 图 1-13 | 图 1-14 | 图 1-15 | 图 1-16 |

◎ 显示或隐藏菜单命令

用户可以根据操作需要隐藏或显示指定的菜单命令。不经常使用的菜单命令可以暂时隐藏。选择"编辑 > 菜单"命令，弹出"键盘快捷键和菜单"对话框，如图 1-17 所示。

图 1-17

在"菜单"选项卡中，单击"应用程序菜单命令"栏中命令左侧的三角形按钮▷，将展开详细的菜单命令，如图 1-18 所示。单击"可见性"选项下方的眼睛图标 👁，将其相对应的菜单命令进行隐藏，如图 1-19 所示。

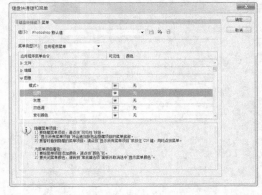

图 1-18

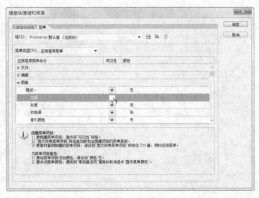

图 1-19

设置完成后，单击"存储对当前菜单组的所有更改"按钮 💾，保存当前的设置。也可单击"根

边做边学——Photoshop CS5 图像制作案例教程

据当前菜单组创建一个新组"按钮，将当前的修改创建为一个新组。隐藏应用程序菜单命令前后的菜单效果如图 1-20 和图 1-21 所示。

图 1-20

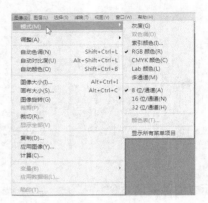
图 1-21

◎ **突出显示菜单命令**

为了突出显示需要的菜单命令，可以为其设置颜色。选择"编辑 > 菜单"命令，弹出"键盘快捷键和菜单"对话框，在要突出显示的菜单命令后面单击"无"，在弹出的下拉列表中可以选择需要的颜色标注命令，如图 1-22 所示。可以为不同的菜单命令设置不同的颜色，如图 1-23 所示。设置颜色后菜单命令的效果如图 1-24 所示。

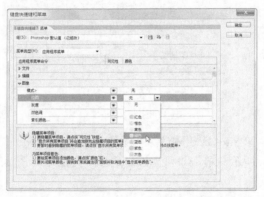
图 1-22

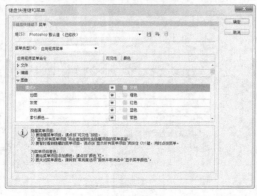
图 1-23

图 1-24

◎ 键盘快捷方式

使用键盘快捷方式：当要选择命令时，可以使用菜单命令旁标注的快捷键。例如，要选择"文件 > 打开"命令，直接按 Ctrl+O 组合键即可。

按住 Alt 键的同时，按菜单栏中文字后面带括号的字母，可以打开相应的菜单，再按菜单命令中的带括号的字母，即可执行相应的命令。例如，要选择"选择"命令，按 Alt+S 组合键即可弹出菜单，要想选择其中的"色彩范围"命令，再按 C 键即可。

自定义键盘快捷方式：为了更方便地使用常用的命令，Photoshop CS5 提供了自定义键盘快捷方式和保存键盘快捷方式的功能。

选择"编辑 > 键盘快捷键"命令，弹出"键盘快捷键和菜单"对话框，如图 1-25 所示。在"键盘快捷键"选项卡中，在下面的信息栏中说明了快捷键的设置方法，在"组"选项中可以选择要设置快捷键的组合，在"快捷键用于"选项中可以选择需要设置快捷键的菜单或工具，在下面的选项窗口中选择需要设置的命令或工具进行设置，如图 1-26 所示。

图 1-25　　　　　　　　　　　　　图 1-26

设置新的快捷键后，单击对话框右上方的"根据当前的快捷键组创建一组新的快捷键"按钮，弹出"存储"对话框，在"文件名"文本框中输入名称，如图 1-27 所示，单击"保存"按钮则存储新的快捷键设置。这时，在"组"选项中即可选择新的快捷键设置，如图 1-28 所示。

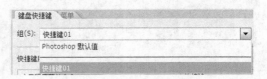

图 1-27　　　　　　　　　　　　　图 1-28

更改快捷键设置后，需要单击"存储对当前快捷键组的所有更改"按钮对设置进行存储，单击"确定"按钮，应用更改的快捷键设置。要将快捷键的设置删除，可以在对话框中单击"删除当前的快捷键组合"按钮将快捷键的设置删除，Photoshop CS5 会自动还原为默认设置。在为控制面板或应用程序菜单中的命令定义快捷键时，这些快捷键必须包括 Ctrl 键或一个功能键。在为工具箱中的工具定义快捷键时，必须使用 A 至 Z 之间的字母。

2. 工具箱

Photoshop CS5 的工具箱中包括选择工具、绘图工具、填充工具、编辑工具、颜色选择工具、屏幕视图工具、快速蒙版工具等，如图 1-29 所示。要了解每个工具的具体名称，可以将鼠标指针放置在具体工具的上方，此时会出现一个黄色的图标，上面会显示该工具的具体名称，如图 1-30 所示。工具名称后面括号中的字母代表选择此工具的快捷键，只要在键盘上按该字母，就可以快速切换到相应的工具上。

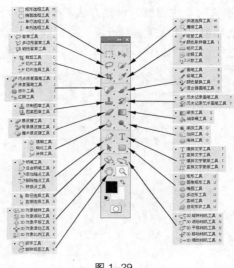

图 1-29

图 1-30

切换工具箱的显示状态：Photoshop CS5 的工具箱可以根据需要在单栏与双栏之间自由切换。当工具箱显示为双栏时，如图 1-31 所示，单击工具箱上方的双箭头图标，工具箱即可转换为单栏，节省工作空间，如图 1-32 所示。

图 1-31

图 1-32

显示隐藏工具箱：在工具箱中，部分工具图标的右下方有一个黑色的三角形按钮 ，表示在该工具下还有隐藏的工具。用鼠标在工具箱中的三角形按钮上单击并按住鼠标不放，弹出隐藏工具选项，如图 1-33 所示，将鼠标指针移动到需要的工具按钮上，即可选择该工具。

　　恢复工具箱的默认设置：要想恢复工具默认的设置，可以选择该工具，在相应的工具属性栏中，用鼠标右键单击工具图标 ，在弹出的快捷菜单中选择"复位工具"命令，如图 1-34 所示。

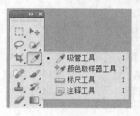

图 1-33　　　　　　　　　　　　　　　图 1-34

　　指针的显示状态：当选择工具箱中的工具后，图像中的指针就变为工具图标。例如，选择"裁剪"工具 ，图像窗口中的指针也随之显示为裁剪工具的图标，如图 1-35 所示。选择"画笔"工具 ，指针显示为画笔工具的对应图标，如图 1-36 所示。按 Caps Lock 键，指针转换为精确的十字形图标，如图 1-37 所示。

图 1-35　　　　　　　　　　　图 1-36　　　　　　　　　　　图 1-37

3. 属性栏

　　当选择某个工具后，会出现相应的工具属性栏，可以通过属性栏对工具进行进一步的设置。例如，当选择"魔棒"工具 时，工作界面的上方会出现相应的"魔棒"工具属性栏，可以应用属性栏中的各个命令对工具做进一步的设置，如图 1-38 所示。

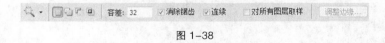

图 1-38

4. 状态栏

　　打开一幅图像时，图像的下方会出现该图像的状态栏，如图 1-39 所示。

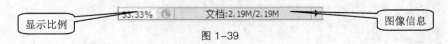

显示比例　　　　　　　　　　　　　　　　　　　　　　　图像信息

图 1-39

状态栏的左侧显示当前图像缩放显示的百分数。在显示区的文本框中输入数值可以改变图像窗口的显示比例。

在状态栏的中间部分显示当前图像的文件信息，单击三角形按钮▶，在弹出的子菜单中可以选择当前图像的相关信息，如图 1-40 所示。

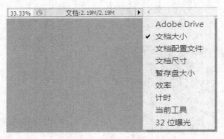

图 1-40

5. 控制面板

控制面板是处理图像时另一个不可或缺的部分。Photoshop CS5 为用户提供了多个控制面板组。

收缩与扩展控制面板：控制面板可以根据需要进行伸缩，面板的展开状态如图 1-41 所示。单击控制面板上方的双箭头图标◀◀，可以将控制面板收缩，如图 1-42 所示。如果要展开某个控制面板，可以直接单击其名称选项卡，相应的控制面板会自动弹出，如图 1-43 所示。

图 1-41

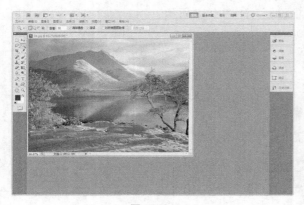

图 1-42

图 1-43

拆分控制面板：若需单独拆分出某个控制面板，可用鼠标选中该控制面板的选项卡并向工作区拖曳，如图 1-44 所示，选中的控制面板将被单独地拆分出来，如图 1-45 所示。

图 1-44 　　　　　　　　　　　　　　　　　图 1-45

组合控制面板：可以根据需要将两个或多个控制面板组合到一个面板组中，这样可以节省操作的空间。要组合控制面板，可以选中外部控制面板的选项卡，用鼠标将其拖曳到要组合的面板组中，面板组周围出现蓝色的边框，如图 1-46 所示，此时释放鼠标，控制面板将被组合到面板组中，如图 1-47 所示。

控制面板弹出式菜单：单击控制面板右上方的图标，可以弹出控制面板的相关命令菜单，应用这些菜单可以提高控制面板的功能性，如图 1-48 所示。

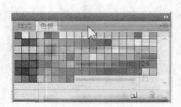
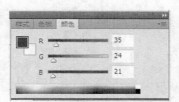

图 1-46 　　　　　　　　图 1-47 　　　　　　　　图 1-48

隐藏与显示控制面板：按 Tab 键，可以隐藏工具箱和控制面板；再次按 Tab 键，可显示出隐藏的部分。按 Shift+Tab 组合键，可以隐藏控制面板；再次按 Shift+Tab 组合键，可显示出隐藏的部分。

提　示　按 F6 键可以显示或隐藏"颜色"控制面板，按 F7 键显示或隐藏"图层"控制面板，按 F8 键显示或隐藏"信息"控制面板。按住 Alt 键的同时，单击控制面板上方的最小化按钮 ，将只显示面板的标签。

自定义工作区：用户可以依据操作习惯自定义工作区、存储控制面板及设置工具的排列方式，从而设计出个性化的 Photoshop CS5 界面。

设置工作区后，选择"窗口 > 工作区 > 新建工作区"命令，弹出"新建工作区"对话框，输入工作区名称，如图 1-49 所示，单击"存储"按钮，即可将自定义的工作区进行存储。

使用自定义工作区时，在"窗口 > 工作区"的子菜单中选择新保存的工作区名称。如果要再恢复使用 Photoshop CS5 默认的工作区状态，可以选择"窗口 > 工作区 > 删除工作区"命令，可以删除自定义的工作区。

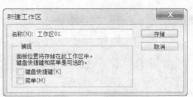

图 1-49

1.2 文件设置

1.2.1 【操作目的】

通过打开文件熟练掌握"打开"命令，通过复制图像到新建的文件中熟练掌握"新建"命令，通过关闭新建的文件熟练掌握"保存"和"关闭"命令。

1.2.2 【操作步骤】

步骤 1 打开 Photoshop 软件，选择"文件 > 打开"命令，弹出"打开"对话框，如图 1-50 所示。选择光盘中的"Ch01> 素材 >02"文件，单击"打开"按钮打开文件，如图 1-51 所示。

步骤 2 在右侧的"图层"控制面板中单击"蛋糕"图层，如图 1-52 所示。按 Ctrl+A 组合键全选图像，如图 1-53 所示。按 Ctrl+C 组合键复制图像。

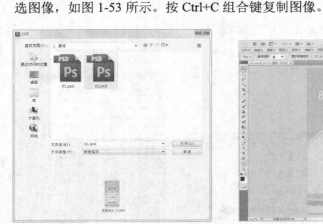

图 1-50

图 1-51

图 1-52

图 1-53

步骤 3 选择"文件 > 新建"命令，弹出"新建"对话框，选项的设置如图 1-54 所示，单击"确定"按钮新建文件。按 Ctrl+V 组合键将复制的图像粘贴到新建的图像窗口中，如图 1-55 所示。

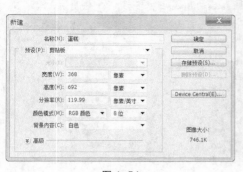

图 1-54

图 1-55

步骤 **4** 单击 "电脑" 图像窗口标题栏右上角的 "关闭" 按钮 ![close]，弹出提示对话框，如图 1-56 所示。单击 "是" 按钮，弹出 "存储为" 对话框，在其中选择要保存的位置、格式和名称，如图 1-57 所示。单击 "保存" 按钮，弹出 "Photoshop 格式选项" 对话框，如图 1-58 所示，单击 "确定" 按钮保存文件，同时关闭图像窗口中的文件。

图 1-56

图 1-57

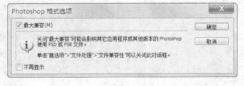

图 1-58

步骤 **5** 单击 "02" 图像窗口标题栏右上角的 "关闭" 按钮 ![close]，关闭打开的 "02" 文件。单击软件窗口标题栏右侧的 "关闭" 按钮 ![close]可关闭软件。

1.2.3 【相关工具】

1. 新建图像

选择 "文件 > 新建" 命令或按 Ctrl+N 组合键，弹出 "新建" 对话框，如图 1-59 所示。在对话框中可以设置新建图像的文件名、图像的宽度和高度、分辨率、颜色模式等选项，设置完成后单击 "确定" 按钮，即可完成新建图像，如图 1-60 所示。

中等职业教育数字艺术类规划教材

图 1-59

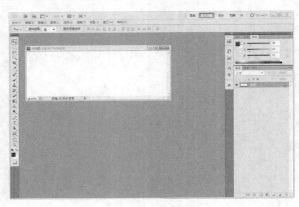

图 1-60

2. 打开图像

如果要对图片进行修改和处理，要在 Photoshop CS5 中打开需要的图像。

选择"文件 > 打开"命令或按 Ctrl+O 组合键，弹出"打开"对话框，在其中选择查找范围和文件，确认文件类型和名称，通过 Photoshop CS5 提供的预览缩略图选择文件，如图 1-61 所示。然后单击"打开"按钮或直接双击文件，即可打开所指定的图像文件，如图 1-62 所示。

提 示 在"打开"对话框中也可以一次同时打开多个文件，只要在文件列表中将所需的几个文件选中，并单击"打开"按钮。在"打开"对话框中选择文件时，按住 Ctrl 键的同时，单击文件，可以选择不连续的多个文件。按住 Shift 键的同时，单击文件，可以选择连续的多个文件。

图 1-61

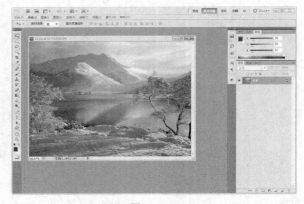

图 1-62

3. 保存图像

编辑和制作完图像后，就需要将图像进行保存，以便于下次打开继续进行操作。

选择"文件 > 存储"命令或按 Ctrl+S 组合键，可以存储文件。当设计好的作品第一次进行存储时，选择"文件 > 存储"命令，将弹出"存储为"对话框，如图 1-63 所示。在对话框中输入文件名、选择文件格式后，单击"保存"按钮即可。

图 1–63

 提　示　　当对已存储过的图像文件进行各种编辑操作后，选择"存储"命令，将不弹出"存储为"对话框，系统直接保存最终确认的结果，并覆盖原始文件。

4. 图像格式

当用 Photoshop CS5 制作或处理好一幅图像后，就要进行存储。这时，选择一种合适的文件格式就显得十分重要。Photoshop CS5 中有 20 多种文件格式可供选择，在这些文件格式中既有 Photoshop CS5 的专用格式，也有用于应用程序交换的文件格式，还有一些比较特殊的格式。

◎ **PSD 格式和 PDD 格式**

PSD 格式和 PDD 格式是 Photoshop CS5 自身的专用文件格式，能够支持从线图到 CMYK 的所有图像类型，但由于在一些图形处理软件中没有得到很好的支持，因此其通用性不强。PSD 格式和 PDD 格式能够保存图像数据的细小部分，如图层、附加的通道等 Photoshop CS5 对图像进行特殊处理的信息。在最终决定图像的存储格式前，最好先以这两种格式存储。另外，Photoshop CS5 打开和存储这两种格式的文件比其他格式更快。但是这两种格式也有缺点，即它们所存储的图像文件所占用的存储空间较大。

◎ **TIF 格式**

TIF 是标签图像格式。TIF 格式对于色彩通道图像来说是最有用的格式，具有很强的可移植性，它可以用于 PC、Macintosh 以及 UNIX 工作站三大平台。用 TIF 格式存储图像时应考虑到文件的大小，因为 TIF 格式的结构要比其他格式更复杂。但 TIF 格式支持 24 个通道，能存储多于 4 个通道的文件格式。TIF 格式还允许使用 Photoshop 中的复杂工具和滤镜特效。TIF 格式非常适合于印刷和输出。

◎ **BMP 格式**

BMP 格式可以用于绝大多数 Windows 下的应用程序。BMP 格式使用索引色彩，它的图像具有极其丰富的色彩，并可以使用 16MB 色彩渲染图像。BMP 格式能够存储黑白图、灰度图和 16MB 色彩的 RGB 图像等。此格式一般在多媒体演示、视频输出等情况下使用，但不能在 Macintosh 程序中使用。在存储 BMP 格式的图像文件时，还可以进行无损失压缩，能节省磁盘空间。

◎ **GIF 格式**

Graphics Interchange Format（GIF）格式的图像文件所占的存储空间较小，它形成一种压缩的

8 bit 图像文件。正因为这样，一般用这种格式的文件来缩短图形的加载时间。如果在网络中传送图像文件，GIF 格式的图像文件的传送速度要比其他格式的图像文件快得多。

◎ **JPEG 格式**

Joint Photographic Experts Group（JPEG）中文意思为"联合图片专家组"。JPEG 格式既是 Photoshop CS5 支持的一种文件格式，也是一种压缩方案，它是 Macintosh 上常用的一种存储类型。JPEG 格式是压缩格式中的"佼佼者"，与 TIF 文件格式采用的无损压缩相比，它的压缩比例更大。但它使用的有损压缩会丢失部分数据，用户可以在存储前选择图像的最后质量，从而控制数据的损失程度。

◎ **EPS 格式**

Encapsulated Post Script（EPS）格式是 Illustrator CS5 和 Photoshop CS5 之间可交换的文件格式。Illustrator 软件制作出来的流动曲线、简单图形和专业图像一般都存储为 EPS 格式，Photoshop 可以获取这种格式的文件。在 Photoshop CS5 中也可以把其他图形文件存储为 EPS 格式，以便在排版类的 PageMaker 和绘图类的 Illustrator 等其他软件中使用。

◎ **选择合适的图像文件存储格式**

用户可以根据工作任务的需要选择合适的图像文件存储格式，下面就根据图像的不同用途介绍应该选择的图像文件存储格式。

用于印刷：TIF、EPS。

出版物：PDF。

Internet 中的图像：GIF、JPEG、PNG。

用于 Photoshop 工作：PSD、PDD、TIF。

5. 关闭图像

将图像进行存储后，可以将其关闭。选择"文件 > 关闭"命令或按 Ctrl+W 组合键，可以关闭文件。关闭图像时，若当前文件被修改过或是新建文件，则会弹出提示框，如图 1-64 所示，单击"是"按钮即可存储并关闭图像。

图 1-64

1.3 图像操作

1.3.1 【操作目的】

通过将窗口水平平铺命令掌握窗口排列的方法，通过缩小文件和适合窗口大小显示命令掌握图像的显示方式。

1.3.2 【操作步骤】

步骤 1 打开光盘中的"Ch01 > 素材 > 03"文件，如图 1-65 所示。新建 2 个文件，并分别将装饰和文字复制到新建的文件中，如图 1-66 和图 1-67 所示。

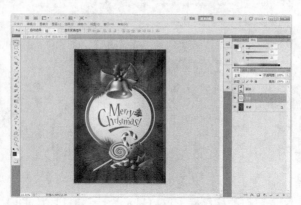

图 1-65

图 1-66

图 1-67

步骤 2 选择"窗口 > 排列 > 平铺"命令，可将 3 个窗口在软件界面中水平排列显示，如图 1-68 所示。单击"03"图像窗口的标题栏，窗口显示为活动窗口，如图 1-69 所示。按 Ctrl+D 组合键取消选区。

图 1-68

图 1-69

步骤 3 选择"缩放"工具 ，按住 Alt 键的同时在图像窗口中单击，使图像缩小，如图 1-70 所示。按住 Alt 键不放，在图像窗口中多次单击直到适当的大小，如图 1-71 所示。

中等职业教育数字艺术类规划教材

图 1-70　　　　　　　　　　　图 1-71

步骤 **4** 单击"装饰"图像窗口的标题栏，窗口显示为活动窗口，如图 1-72 所示。双击"抓手"工具 ，将图像调整为适合窗口大小显示，如图 1-73 所示。

图 1-72　　　　　　　　　　　图 1-73

1.3.3　【相关工具】

1. 图像的分辨率

在 Photoshop CS5 中，图像中每单位长度上的像素数目称为图像的分辨率，其单位为像素/英寸或像素/厘米。

在相同尺寸的两幅图像中，高分辨率的图像包含的像素比低分辨率的图像包含的像素多。例如，一幅尺寸为 1 英寸×1 英寸的图像，其分辨率为 72 像素/英寸，则这幅图像包含 5 184 个像素（72×72＝5184）。同样尺寸，分辨率为 300 像素/英寸的图像，它包含 90 000 个像素。相同尺寸下，分辨率为 72 像素/英寸的图像效果如图 1-74 所示，分辨率为 10 像素/英寸的图像效果如图 1-75 所示。由此可见，在相同尺寸下，高分辨率的图像将能更清晰地表现图像内容。

提　示 如果一幅图像中所包含的像素数是固定的，那么增加图像尺寸后会降低图像的分辨率。

图 1-74　　　　　　　　　　图 1-75

2. 图像的显示效果

使用 Photoshop CS5 编辑和处理图像时，可以通过改变图像的显示比例使工作更便捷、高效。

◎ 100%显示图像

100%显示图像，如图 1-76 所示。在此状态下可以对文件进行精确的编辑。

图 1-76

◎ 放大显示图像

选择"缩放"工具，在图像中鼠标指针变为放大图标，每单击一次鼠标，图像就会放大 1 倍。当图像以 100%的比例显示时，在图像窗口中单击 1 次，图像则以 200%的比例显示，效果如图 1-77 所示。

当要放大一个指定的区域时，选择放大工具，选中需要放大的区域，按住鼠标左键不放，选中的区域会放大显示并填满图像窗口，如图 1-78 所示。

图 1-77　　　　　　　　　　图 1-78

按 Ctrl++组合键可逐次放大图像，如从 100%的显示比例放大到 200%、300%直至 400%。

◎ 缩小显示图像

缩小显示图像一方面可以用有限的界面空间显示出更多的图像，另一方面可以看到一个较大图像的全貌。

选择"缩放"工具 🔍，在图像中鼠标指针变为放大工具图标 🔍，按住 Alt 键不放，鼠标指针变为缩小工具图标 🔍。每单击一次鼠标，图像将缩小显示一级。图像的原始效果如图 1-79 所示，缩小显示后的效果如图 1-80 所示。按 Ctrl+－组合键可逐次缩小图像。

图 1-79   图 1-80

也可在缩放工具属性栏中选择"缩小"工具按钮 🔍，如图 1-81 所示，此时鼠标指针变为缩小工具图标 🔍，每单击一次鼠标，图像将缩小显示一级。

🔍 ▾ 🔍🔍 □调整窗口大小以满屏显示 □缩放所有窗口 ☑细微缩放 [实际像素] [适合屏幕] [填充屏幕] [打印尺寸]

图 1-81

◎ 全屏显示图像

如果要将图像的窗口放大填满整个屏幕，可以在缩放工具的属性栏中单击 [适合屏幕] 按钮，再勾选"调整窗口大小以满屏显示"复选项，如图 1-82 所示。这样在放大图像时，窗口就会和屏幕的尺寸相适应，效果如图 1-83 所示。单击"实际像素"按钮 [实际像素]，图像将以实际像素比例显示。单击"打印尺寸"按钮 [打印尺寸]，图像将以打印分辨率显示。单击"填充屏幕"按钮 [填充屏幕]，缩放图像以适合屏幕。

🔍 ▾ 🔍🔍 □调整窗口大小以满屏显示 □缩放所有窗口 ☑细微缩放 [实际像素] [适合屏幕] [填充屏幕] [打印尺寸]

图 1-82

图 1-83

◎ **图像窗口显示**

当打开多个图像文件时，会出现多个图像文件窗口，这就需要对窗口进行布置和摆放。

同时打开多幅图像，效果如图 1-84 所示。按 Tab 键关闭操作界面中的工具箱和控制面板，将鼠标指针放在图像窗口的标题栏上，拖曳图像到操作界面的任意位置，如图 1-85 所示。

选择"窗口 > 排列 > 层叠"命令，图像的排列效果如图 1-86 所示。选择"窗口 > 排列 > 平铺"命令，图像的排列效果如图 1-87 所示。

图 1-84

图 1-85

图 1-86

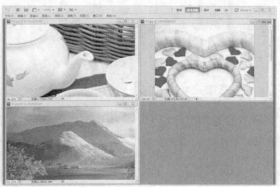

图 1-87

3. 图像尺寸的调整

打开一幅图像，选择"图像 > 图像大小"命令，弹出"图像大小"对话框，如图 1-88 所示。

像素大小：通过改变"宽度"和"高度"选项的数值，改变图像在屏幕上显示的大小，图像的尺寸也相应地改变。文档大小：通过改变"宽度"、"高度"和"分辨率"选项的数值，改变图像的文档大小，图像的尺寸也相应地改变。约束比例：选中此复选框，在"宽度"和"高度"选项的右侧出现锁链标志🔗，表示改变其中一项设置时，两项会成比例地同时改变。重定图像像素：取消勾选此复选框，像素的数值将不能单独设置，"文档大小"选项组中的"宽度"、"高度"和"分辨率"选项右侧将出现锁链标志🔗，改变数值时这 3 项会同时改变，如图 1-89 所示。

在"图像大小"对话框中可以改变选项数值的计量单位，用户可以根据需要在选项右侧的下拉列表中进行选择，如图 1-90 所示。单击"自动"按钮，弹出"自动分辨率"对话框，系统将自动调整图像的分辨率和品质效果，如图 1-91 所示。

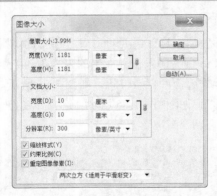

图 1-88

图 1-89

图 1-90

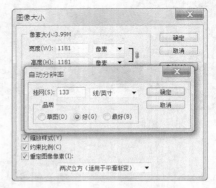

图 1-91

4. 画布尺寸的调整

图像画布尺寸的大小是指当前图像周围的工作空间的大小。打开一幅图像，如图 1-92 所示。选择"图像 > 画布大小"命令，弹出"画布大小"对话框，如图 1-93 所示。

图 1-92

图 1-93

当前大小：显示的是当前文件的大小和尺寸。新建大小：用于重新设定图像画布的大小。 定位：用于调整图像在新画面中的位置，可偏左、居中或在右上角等，如图 1-94 所示。设置不同的调整方式，图像调整后的效果如图 1-95 所示。

图 1-94

图 1-95

画布扩展颜色：此选项的下拉列表中可以选择填充图像周围扩展部分的颜色，其中包括前景色、背景色和 Photoshop CS5 中的默认颜色，也可以自己调整所需的颜色。在对话框中进行设置，如图 1-96 所示，单击"确定"按钮，效果如图 1-97 所示。

图 1-96

图 1-97

第2章 插画设计

现代插画艺术发展迅速，已经被广泛应用于杂志、广告、包装和纺织品领域。使用 Photoshop 绘制的插画简洁明快、新颖独特、形式多样，已经成为较流行的插画表现形式。本章以制作多个主题插画为例，介绍插画的绘制方法和制作技巧。

 课堂学习目标

- 掌握插画的绘制思路和过程
- 掌握插画的绘制方法和技巧

2.1 制作秋后风景插画

2.1.1 【案例分析】

秋后风景插画是为儿童故事书所配的插画，要求插画的表现形式和画面效果能充分表达故事书的风格和思想，读者通过观看插画能够更好地理解书中的内容和意境。

2.1.2 【设计理念】

在设计制作过程中，使用大片的金黄色谷物风景展示出丰收的景象。通过绿色的大山和蓝色的天空带给人生机勃勃的景象和无限希望。再使用风车和稻草人使画面充满活力和生活气息。通过风景元素的烘托，加强风景的远近空间变化。整个插画造型简洁明快，颜色丰富饱满。最终效果参看光盘中的"Ch02 > 效果 > 制作秋后风景插画"，如图 2-1 所示。

图 2-1

2.1.3 【操作步骤】

1. 使用磁性套索工具抠图像

步骤 1 按 Ctrl+O 组合键，打开光盘中的"Ch02 > 素材 > 制作秋后风景插画 > 01、02"文件，选择"移动"工具，将 02 素材图片拖曳到 01 素材的图像窗口中，效果如图 2-2 所示，在"图层"控制面板中生成新的图层并将其命名为"稻草人"，如图 2-3 所示。

图 2-2　　　　　　　　　　　　　图 2-3

步骤 **2** 按 Ctrl+O 组合键，打开光盘中的"Ch02 > 素材 > 制作秋后风景插画 > 03"文件，效果如图 2-4 所示。选择"磁性套索"工具 ，在蜻蜓图像的边缘单击鼠标，根据蜻蜓的形状拖曳鼠标，绘制一个封闭路径，路径自动转换为选区，如图 2-5 所示。选择"移动"工具 ，拖曳选区中的图像到素材 01 的图像窗口中，并调整适当的位置及角度，如图 2-6 所示，在"图层"控制面板中生成新的图层并将其命名为"蜻蜓"，如图 2-7 所示。

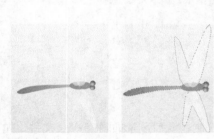 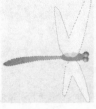  

图 2-4　　　　　图 2-5　　　　　　　图 2-6　　　　　　　图 2-7

步骤 **3** 将"蜻蜓"图层拖曳到控制面板下方的"创建新图层"按钮 上进行复制，生成新的图层"蜻蜓 副本"，如图 2-8 所示。选择"移动"工具 ，拖曳复制的蜻蜓到适当的位置，并调整其大小和角度，效果如图 2-9 所示。

图 2-8　　　　　　　　　　　　　图 2-9

2. 使用套索工具抠图像

步骤 **1** 按 Ctrl+O 组合键，打开光盘中的"Ch02 > 素材 > 制作秋后风景插画 > 04"文件。选择"套索"工具 ，在山丘图像的边缘单击并拖曳鼠标将山丘图像抠出，如图 2-10 所示。选择"移动"工具 ，拖曳选区中的图像到素材 01 图像窗口的右上方，效果如图 2-11 所示，在"图层"控制面板中生成新的图层并将其命名为"山丘"，如图 2-12 所示。

步骤 **2** 将"山丘"图层拖曳到控制面板下方的"创建新图层"按钮 上进行复制，生成新的图层"山丘 副本"，如图 2-13 所示。选择"移动"工具 ，拖曳复制的山丘图像到适当的位置并调整其大小，效果如图 2-14 所示。

图 2-10

图 2-11

图 2-12

图 2-13

图 2-14

3. 使用多边形套索抠图像

步骤 1　按 Ctrl+O 组合键，打开光盘中的"Ch02 > 素材 > 制作秋后风景插画 > 05"文件，如图 2-15 所示。选择"多边形套索"工具，在风车图像的边缘多次单击并拖曳鼠标，将风车图像抠出，如图 2-16 所示。

图 2-15

图 2-16

步骤 2　选择"移动"工具，将选区中的图像拖曳到素材 01 的图像窗口中，在"图层"控制面板中生成新的图层并将其命名为"风车"，如图 2-17 所示。按 Ctrl+T 组合键，在图像周围出现控制手柄，拖曳控制手柄调整图像的大小，按 Enter 键确定操作，效果如图 2-18 所示。秋后风景效果制作完成。

图 2-17

图 2-18

2.1.4 【相关工具】

1. 魔棒工具

魔棒工具可以用来选取图像中的某一点，并将与这一点颜色相同或相近的点自动融入选区中。选择"魔棒"工具　或按 W 键，其属性栏如图 2-19 所示。

图 2-19

：选择方式选项。容差：用于控制色彩的范围，数值越大，可容许的颜色范围越大。消除锯齿：用于清除选区边缘的锯齿。连续：用于选择单独的色彩范围。对所有图层取样：用于将所有可见层中颜色容许范围内的色彩加入选区。

选择"魔棒"工具　，在图像中单击需要选择的颜色区域，即可得到需要的选区，如图 2-20 所示。调整属性栏中的容差值，再次单击需要选择的区域，不同容差值的选区效果如图 2-21 所示。

图 2-20　　　　　　　　　　　图 2-21

2. 套索工具

套索工具可以用来选取不规则形状的图像。启用"套索"工具　，有以下几种方法。

选择"套索"工具　，或反复按 Shift+L 组合键，其属性栏状态如图 2-22 所示。

图 2-22

在"套索"工具属性栏中，　　　为选择方式选项。"羽化"选项用于设定选区边缘的羽化程度。"消除锯齿"选项用于清除选区边缘的锯齿。

绘制不规则选区：启用"套索"工具　，在图像中适当的位置单击并按住鼠标左键，拖曳鼠标绘制出需要的选区，如图 2-23 所示，松开鼠标左键，选择区域会自动封闭，效果如图 2-24 所示。

图 2-23　　　　　　　　　　　图 2-24

3. 多边形套索工具

"多边形套索"工具可以用来选取不规则的多边形图像。启用"多边形套索"工具 ，有以下几种方法。

选择"多边形套索"工具 ，或反复按 Shift+L 组合键，多边形套索工具属性栏中的选项内容与套索工具属性栏的选项内容相同。

绘制多边形选区：选择"多边形套索"工具 ，在图像中单击设置所选区域的起点，接着单击设置选择区域的其他点，效果如图 2-25 所示。将鼠标指针移回到起

图 2-25

点，指针由多边形套索工具图标变为 图标，如图 2-26 所示，单击即可封闭选区，效果如图 2-27 所示。

图 2-26

图 2-27

提　示　在图像中使用多边形套索工具绘制选区时，按 Enter 键可封闭选区，按 Esc 键可取消选区，按 Delete 键可删除上一个单击创建的选区点。

4. 磁性套索工具

磁性套索工具可以用来选取不规则的并与背景反差大的图像。启用"磁性套索"工具 ，有以下几种方法。

选择"磁性套索"工具 ，或反复按 Shift+L 组合键，其属性栏状态如图 2-28 所示。

图 2-28

在磁性套索工具属性栏中，   为选择方式选项。"羽化"选项用于设定选区边缘的羽化程度。"消除锯齿"选项用于清除选区边缘的锯齿。"宽度"选项用于设定套索检测范围，磁性套索工具将在这个范围内选取反差最大的边缘。"对比度"选项用于设定选取边缘的灵敏度，数值越大，则要求边缘与背景的反差越大。"频率"选项用于设定选区点的速率，数值越大，标记速率越快，标记点越多。"使用绘图板压力以更改钢笔宽度"按钮 用于设定专用绘图板的笔刷压力。

根据图像形状绘制选区：选择"磁性套索"工具 ，在图像中适当的位置单击并按住鼠标左键，根据选取图像的形状拖曳鼠标，选取图像的磁性轨迹会紧贴图像的内容，效果如图 2-29 和图 2-30 所示，将鼠标指针移回到起点，单击即可封闭选区，效果如图 2-31 所示。

图 2-29

图 2-30

图 2-31

5. 旋转图像

◎ 变换图像画布

图像画布的变换将对整个图像起作用。选择"图像 > 图像旋转"命令，其下拉菜单如图 2-32 所示。

画布变换的多种效果，如图 2-33 所示。

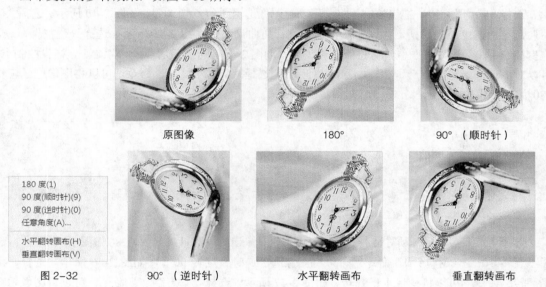

原图像　　　　　　　　180°　　　　　　　90°（顺时针）

180 度(1)
90 度(顺时针)(9)
90 度(逆时针)(0)
任意角度(A)...
水平翻转画布(H)
垂直翻转画布(V)

图 2-32　　　　　90°（逆时针）　　　　　水平翻转画布　　　　　垂直翻转画布

图 2-33

选择"任意角度"命令，弹出"旋转画布"对话框，进行设置后的效果如图 2-34 所示。单击"确定"按钮，画布被旋转，效果如图 2-35 所示。

图 2-34

图 2-35

◎ 变换图像选区

在操作过程中可以根据设计和制作的需要变换已经绘制好的选区。在图像中绘制完选区后，

中
等
职
业
教
育
数
字
艺
术
类
规
划
教
材

选择"编辑 > 自由变换"或"变换"命令，可以对图像的选区进行各种变换。"变换"命令的下拉菜单如图 2-36 所示。

　　在图像中绘制选区，如图 2-37 所示。选择"缩放"命令，拖曳控制手柄可以对图像选区进行自由缩放，如图 2-38 所示。选择"旋转"命令，旋转控制手柄可以对图像选区进行自由旋转，如图 2-39 所示。

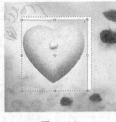

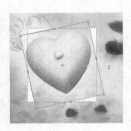

图 2-36　　　　　　　　图 2-37　　　　　　　　图 2-38　　　　　　　　图 2-39

　　选择"斜切"命令，拖曳控制手柄，可以对图像选区进行斜切调整，如图 2-40 所示。选择"扭曲"命令，拖曳控制手柄，可以对图像选区进行扭曲调整，如图 2-41 所示。选择"透视"命令，拖曳控制手柄，可以对图像选区进行透视调整，如图 2-42 所示。选择"变形"命令，拖曳控制点，可以对图像选区进行变形调整，如图 2-43 所示。选择"旋转 180 度"命令，可以将图像选区旋转 180°，如图 2-44 所示。

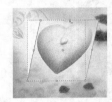

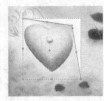

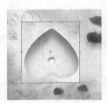

图 2-40　　　　　　图 2-41　　　　　　图 2-42　　　　　　图 2-43　　　　　　图 2-44

　　选择"旋转 90 度（顺时针）"命令，可以将图像选区顺时针旋转 90°，如图 2-45 所示。选择"旋转 90 度（逆时针）"命令，可以将图像选区逆时针旋转 90°，如图 2-46 所示。选择"水平翻转"命令，可以将图像水平翻转，如图 2-47 所示。选择"垂直翻转"命令，可以将图像垂直翻转，如图 2-48 所示。

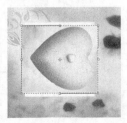

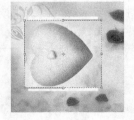

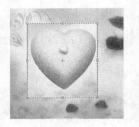

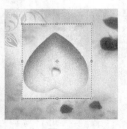

图 2-45　　　　　　　图 2-46　　　　　　　图 2-47　　　　　　　图 2-48

提　示　使用"编辑 > 变换"命令可以对图层中的所有图像进行编辑。

6. 图层面板

"图层"控制面板中列出了图像中的所有图层、图层组和图层效果。可以使用"图层"控制面板显示和隐藏图层、创建新图层以及处理图层组。还可以在"图层"控制面板的弹出式菜单中设置其他命令和选项，如图 2-49 所示。

图 2-49

图层混合模式 正常 ▼：用于设定图层的混合模式，它包含 20 多种图层混合模式。不透明度：用于设定图层的不透明度。填充：用于设定图层的填充百分比。眼睛图标 👁：用于打开或隐藏图层中的内容。链接图标 🔗：表示图层与图层之间的链接关系。图标 T：表示此图层为可编辑的文字图层。图标 ƒx：图层效果图标。

在"图层"面板的上方有 4 个图标，如图 2-50 所示。

锁定透明像素 □：用于锁定当前图层中的透明区域，使透明区域不能被编辑。锁定图像像素 ✎：使当前图层和透明区域不能被编辑。锁定位置 ✛：使当前图层不能被移动。锁定全部 🔒：使当前图层或序列完全被锁定。

在"图层"控制面板的下方有 7 个按钮，如图 2-51 所示。

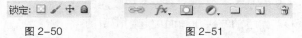

图 2-50　　　　　　　图 2-51

链接图层 🔗：使所选图层和当前图层成为一组，当对一个链接图层进行操作时，将影响一组链接图层。添加图层样式 ƒx：为当前图层添加图层样式效果。添加图层蒙版 ◻：在当前图层上创建一个蒙版。在图层蒙版中，黑色代表隐藏图像，白色代表显示图像。可以使用画笔等绘图工具对蒙版进行绘制，还可以将蒙版转换成选区。创建新的填充或调整图层 ◑：可对图层进行颜色填充和效果调整。创建新组 ◻：用于新建一个文件夹，可在其中放入图层。创建新图层 ◻：用于在当前图层的上方创建一个新图层。删除图层 🗑：即垃圾桶，可以将不需要的图层拖曳到此按钮上进行删除。

7. 复制图层

使用控制面板的弹出式菜单：单击"图层"控制面板右上方的 ▤ 按钮，在弹出的下拉菜单中选择"复制图层"命令，弹出"复制图层"对话框，如图 2-52 所示。

图 2-52

为：用于设定复制图层的名称。文档：用于设定复制图层的文件来源。

使用"图层"面板中的按钮：将需要复制的图层拖曳到控制面板下方的"创建新图层"按钮 ◻ 上，可以复制一个新图层。

使用菜单命令：选择"图层 > 复制图层"命令，弹出"复制图层"对话框。

中等职业教育数字艺术类规划教材

使用鼠标拖曳的方法复制不同图像之间的图层：打开目标图像和需要复制的图像，将需要复制的图像中的图层直接拖曳到目标图像的图层中，即可完成图层的复制。

2.1.5 【实战演练】制作圣诞气氛插画

使用移动工具移动素材图像。使用自由变换命令旋转图像的角度。最终效果参看光盘中的"Ch02 > 效果 > 制作圣诞气氛插画"，如图 2-53 所示。

图 2-53

2.2 制作蓝色梦幻插画

2.2.1 【案例分析】

本例是为青春文学杂志绘制的栏目插画。插画要求表现青春梦幻的感觉，画面效果要强烈，体现出插画的特色。

2.2.2 【设计理念】

在设计制作过程中先从背景入手，通过蓝色渐变波光的背景增添画面的梦幻色彩，白色的箭头在画面中起到指引的作用，引人思考，右下角的蝴蝶融合在蓝色的背景下，更加散发出神秘灵动的感觉，白色文字在画面中小而清晰，突出了画面的震撼感。最终效果参看光盘中的"Ch02 > 效果 > 制作蓝色梦幻插画"，如图 2-54 所示。

图 2-54

2.2.3 【操作步骤】

1. 制作蝴蝶描边

步骤 1 按 Ctrl+O 组合键，打开光盘中的"Ch02 > 素材 > 制作蓝色梦幻插画 > 01"文件，效果如图 2-55 所示。

步骤 2 按 Ctrl+O 组合键，打开光盘中的"Ch02 > 素材 > 制作蓝色梦幻插画 > 02"文件。选择"移动"工具，拖曳图形到图像窗口中的右上方，效果如图 2-56 所示，在"图层"控制面板中生成新的图层并将其命名为"装饰圆点"。在"图层"控制面板上方，将"装饰圆点"图层的混合模式设为"叠加"，效果如图 2-57 所示。

图 2-55

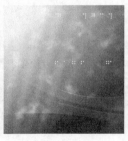

图 2-56

图 2-57

步骤 3　按 Ctrl+O 组合键，打开光盘中的"Ch02 > 素材 > 制作蓝色梦幻插画 > 03"文件。选择"移动"工具 ，拖曳蝴蝶图片到图像窗口中的右下方，效果如图 2-58 所示，在"图层"控制面板中生成新的图层并将其命名为"蝴蝶图片"。在"图层"控制面板上方，将"蝴蝶图片"图层的混合模式设为"变亮"，效果如图 2-59 所示。

图 2-58　　　　　　　　　　　　图 2-59

步骤 4　按住 Ctrl 键的同时，单击"蝴蝶图片"图层的图层缩览图，蝴蝶图像周围生成选区。单击"路径"控制面板下方的"从选区生成工作路径"按钮 ，将选区转化为路径，如图 2-60 所示。选择"画笔"工具 ，在属性栏中将"不透明度"选项设为 75%，单击"画笔"选项右侧的按钮 ，在画笔选择面板中选择需要的画笔形状，如图 2-61 所示。

步骤 5　单击"图层"控制面板下方的"创建新图层"按钮 ，生成新的图层并将其命名为"选区描边"。选择"路径选择"工具 ，选取路径，单击鼠标右键，在弹出的菜单中选择"描边路径"命令，弹出"描边路径"对话框，单击"确定"按钮，按 Enter 键隐藏路径，效果如图 2-62 所示。

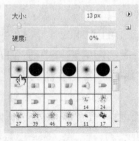

图 2-60　　　　　　　　　　图 2-61　　　　　　　　　　图 2-62

步骤 6　选择"滤镜 > 模糊 > 高斯模糊"命令，在弹出的对话框中进行设置，如图 2-63 所示，单击"确定"按钮。在"图层"控制面板上方，将"选区描边"图层的混合模式设为"滤色"，如图 2-64 所示，效果如图 2-65 所示。

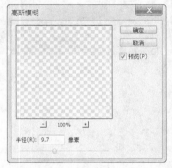

图 2-63　　　　　　　　　　图 2-64　　　　　　　　　　图 2-65

2. 制作羽化效果

步骤 1 新建图层并将其命名为"羽化效果"。将前景色设
为暗蓝色（其 R、G、B 的值分别为 1、45、79）。选择
"椭圆选框"工具 ○，在图像窗口中拖曳鼠标绘制椭圆
选区，如图 2-66 所示。

步骤 2 按 Shift+F6 组合键，在弹出的"羽化选区"对话
框中进行设置，如图 2-67 所示，单击"确定"按钮。
按 Ctrl+Shift+I 组合键，将选区反选。按 Alt+Delete 组
合键，用前景色填充选区。按 Ctrl+D 组合键，取消选
区，效果如图 2-68 所示。

图 2-66

步骤 3 在"图层"控制面板上方，将"羽化效果"图层的混合模式设为"颜色加深"，"不透明
度"选项设为 60%，效果如图 2-69 所示。

图 2-67

图 2-68

图 2-69

步骤 4 按 Ctrl+O 组合键，打开光盘中的"Ch02 > 素材 > 制作蓝色梦幻插画 > 04"文件。选
择"移动"工具 ►+，拖曳箭头图形到图像窗口中适当的位置，效果如图 2-70 所示，在"图
层"控制面板中生成新的图层并将其命名为"箭头"。

步骤 5 选择"横排文字"工具 T，分别在属性栏中选择合适的字体并设置文字大小，分别输
入需要的白色文字，如图 2-71 所示，在"图层"控制面板中分别生成新的文字图层。蓝色
梦幻插画制作完成，如图 2-72 所示。

图 2-70

图 2-71

图 2-72

2.2.4 【相关工具】

1. 绘制选区

使用选框工具可以在图像或图层中绘制规则的选区，选取规则的图像。下面具体介绍选框工

具的使用方法和操作技巧。

◎ **矩形选框工具**

矩形选框工具可以在图像或图层中绘制矩形选区。启用"矩形选框"工具，有以下几种方法。选择"矩形选框"工具，或反复按 Shift+M 组合键，其属性栏状态如图 2-73 所示。

图 2-73

在"矩形选框"工具属性栏中，为选择选区方式选项。新选区选项用于去除旧选区，绘制新选区。添加到选区选项用于在原有选区的基础上再增加新的选区。从选区减去选项用于在原有选区的基础上减去新选区的部分。与选区交叉选项用于选择新旧选区重叠的部分。

"羽化"选项用于设定选区边界的羽化程度。"消除锯齿"选项用于清除选区边缘的锯齿。"样式"选项用于选择类型：①"正常"选项为标准类型，②"固定比例"选项用于设定长宽比例来进行选择，③"固定大小"选项则可以通过固定尺寸来进行选择。"宽度"和"高度"选项用来设定宽度和高度。

绘制矩形选区：选择"矩形选框"工具，在图像中适当的位置单击并按住鼠标左键，拖曳鼠标绘制出需要的选区，松开鼠标左键，矩形选区绘制完成，如图 2-74 所示。按住 Shift 键的同时，拖曳鼠标在图像中可以绘制出正方形的选区，如图 2-75 所示。

图 2-74   图 2-75

设置矩形选区的羽化值：羽化值为"0"的属性栏如图 2-76 所示，绘制出选区，按住 Alt + Backspace（或 Delete）组合键，用前景色填充选区，效果如图 2-77 所示。

图 2-76   图 2-77

设定羽化值为"20"后的属性栏如图 2-78 所示，绘制出选区，按住 Alt+Backspace（或 Delete）组合键，用前景色填充选区，效果如图 2-79 所示。

图 2-78　　　　　　　　　　　　图 2-79

◎ 椭圆选框工具

"椭圆选框"工具可以在图像或图层中绘制出圆形或椭圆形选区。启用"椭圆选框"工具，有以下几种方法。

选择"椭圆选框"工具，或反复按 Shift+M 组合键，其属性栏状态如图 2-80 所示。

图 2-80

绘制椭圆选区：选择"椭圆选框"工具，在图像中适当的位置单击并按住鼠标左键，拖曳鼠标绘制出需要的选区，松开鼠标左键，椭圆选区绘制完成，如图 2-81 所示。

按住 Shift 键的同时，拖曳鼠标在图像中可以绘制出圆形的选区，如图 2-82 所示。

图 2-81　　　　　　　　　　　图 2-82

2. 羽化选区

在图像中绘制椭圆选区，如图 2-83 所示。选择"选择 > 修改 > 羽化"命令，弹出"羽化选区"对话框，在其中设置羽化半径的数值，如图 2-84 所示，单击"确定"按钮选区被羽化。将选区反选，如图 2-85 所示，在选区中填充颜色后的效果如图 2-86 所示。

图 2-83　　　　　　　图 2-84　　　　　　　图 2-85　　　　　图 2-86

还可以在绘制选区前，在所使用的工具属性栏中直接输入羽化的数值，如图 2-87 所示，此时绘制的选区自动变成为带有羽化边缘的选区。

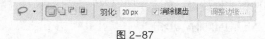

图 2-87

3. 扩展选区

在图像中绘制不规则选区，如图 2-88 所示。选择"选择 > 修改 > 扩展"命令，弹出"扩展选区"对话框，在其中设置扩展量的数值，如图 2-89 所示。单击"确定"按钮选区被扩展，效果如图 2-90 所示。

图 2-88　　　　　　　　　　图 2-89　　　　　　　　　　图 2-90

4. 全选和反选选区

全选：选择所有像素，即将图像中的所有图像全部选取。选择"选择 > 全部"命令或按 Ctrl+A 组合键，即可选取全部图像，效果如图 2-91 所示。

反选：选择"选择 > 反向"命令或按 Shift+Ctrl+I 组合键，可以对当前的选区进行反向选取，效果如图 2-92 和图 2-93 所示。

图 2-91　　　　　　　　　　图 2-92　　　　　　　　　　图 2-93

5. 新建图层

使用"图层"面板的弹出式菜单：单击"图层"控制面板右上方的按钮，在弹出的下拉菜单中选择"新建图层"命令，弹出"新建图层"对话框，如图 2-94 所示。

图 2-94

名称：用于设定新图层的名称，可以选择使用前一图层创建剪贴蒙版。颜色：用于设定新图层的颜色。模式：用于设定当前图层的混合模式。不透明度：用于设定当前图层的不透明度。

使用"图层"面板中的按钮或快捷键：单击"图层"控制面板下方的"创建新图层"按钮 ⬚ 可以创建一个新图层。在按住 Alt 键的同时，单击"创建新图层"按钮 ⬚，弹出"新建图层"对话框。

使用"图层"菜单命令或快捷键：选择"图层 > 新建 > 图层"命令，弹出"新建图层"对话框。按 Shift+Ctrl+N 组合键也可以弹出"新建图层"对话框。

6. 载入选区

当要载入透明背景中的图像和文字图层中的文字选区时，可以在按住 Ctrl 键的同时单击图层的缩览图载入选区。

2.2.5 【实战演练】制作汽车杂志插画

使用椭圆形选框工具和羽化命令制作汽车投影。使用扩展命令制作文字效果。最终效果参看光盘中的"Ch02 > 效果 > 制作汽车杂志插画"，如图 2-95 所示。

2.3 制作时尚插画

2.3.1 【案例分析】

本例是为时尚杂志绘制的时尚插画。插画要求表现出动感和活力，色彩明艳，并且具有时尚、前卫的氛围。

图 2-95

2.3.2 【设计理念】

在设计制作过程中，在草地和人物的处理上采用黑色剪影的形式，与彩色粗细搭配不同的线条背景形成鲜明的对比，表现出画面的冲击感，时尚欢快的感觉油然而生，背景的彩色线条仿佛是受动感欢乐的女性所指引，体现了动感、时尚和现代感。最终效果参看光盘中的"Ch02 > 效果 > 制作时尚插画"，如图 2-96 所示。

2.3.3 【操作步骤】

图 2-96

1. 添加图片并绘制枫叶和小草

步骤 1 按 Ctrl+N 组合键，新建一个文件：宽度为 21 厘米，高度为 15 厘米，分辨率为 300 像素/英寸，颜色模式为 RGB，背景内容为白色，单击"确定"按钮。

步骤 2 按 Ctrl+O 组合键，打开光盘中的"Ch02 > 素材 > 制作时尚插画 > 01、02"文件，如图 2-97 和图 2-98 所示。选择"移动"工具 ▸⊹，分别拖曳背景图片和人物图片到图像窗口中，如图 2-99 所示，在"图层"控制面板中分别生成新的图层并将其命名为"图片"和"人物"。

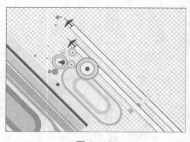

图 2-97　　　　　　　　　　图 2-98　　　　　　　　　　图 2-99

步骤 3 新建图层并将其命名为"黑色块"。将前景色设为黑色，选择"画笔"工具，在属性栏中单击"画笔"选项右侧的按钮，在弹出的画笔选择面板中选择需要的画笔形状，如图 2-100 所示。按 F5 键，弹出"画笔"控制面板，选择"画笔笔尖形状"选项，在弹出的"画笔笔尖形状"面板中进行设置，如图 2-101 所示。在图像窗口的下方拖曳鼠标绘制黑色图形，效果如图 2-102 所示。

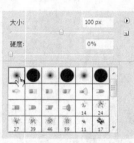

图 2-100　　　　　　　　　图 2-101　　　　　　　　　图 2-102

步骤 4 按 Ctrl+O 键，打开光盘中的"Ch02＞素材＞制作时尚插画＞03"文件。选择"移动"工具，拖曳树枝图片到图像窗口中的右侧，如图 2-103 所示，在"图层"控制面板中生成新的图层并将其命名为"树枝"，如图 2-104 所示。

图 2-103　　　　　　　　　　图 2-104

步骤 5 新建图层并将其命名为"枫叶"。将前景色设为红色（其 R、G、B 的值分别为 255、17、0），背景色设为橙色（其 R、G、B 的值分别为 255、195、0）。选择"画笔"工具，在属性栏中单击"画笔"选项右侧的按钮，在弹出的画笔选择面板中选择需要的画笔形状，如图 2-105 所示。在"画笔"控制面板中选中"画笔笔尖形状"选项，在弹出的"画笔笔尖形状"面板中进行设置，如图 2-106 所示，按键盘上的[键、]键，调整画笔的大小，在树枝上绘制枫叶图形，效果如图 2-107 所示。

中等职业教育数字艺术类规划教材

图 2-105　　　　　　　图 2-106　　　　　　　图 2-107

步骤 6　新建图层并将其命名为"小草"。将前景色设为黑色，选择"画笔"工具 ，在属性栏
中单击"画笔"选项右侧的按钮 ，在弹出的画笔选择面板中选择需要的画笔形状，如图 2-108
所示。在"画笔"控制面板中，取消"颜色动态"复选框的勾选，选择"画笔笔尖形状"选
项，在弹出的"画笔笔尖形状"面板中进行设置，如图 2-109 所示，在图像窗口的下方绘制
小草图形，效果如图 2-110 所示。

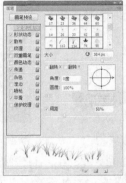

图 2-108　　　　　　　图 2-109　　　　　　　图 2-110

2. 制作文字擦除效果

步骤 1　选择"横排文字"工具 ，分别在属性栏中选择合适的字体并设置文字大小，分别输
入需要的白色和黑色文字并分别选取文字，按 Alt+向右方向键，调整文字到适当的间距。按
Ctrl+T 键，将鼠标光标放在变换框的控制手柄外边，光标变为旋转图标 ，拖曳鼠标将图像
旋转至适当的位置，按 Enter 键，如图 2-111 所示，在"图层"控制面板中分别生成新的文
字图层，效果如图 2-112 所示。

图 2-111　　　　　　　图 2-112

步骤 2 选中"Country"文字图层,单击控制面板下方的"添加图层蒙版"按钮 🔲,为"Country"图层添加蒙版,如图 2-113 所示。选择"画笔"工具 ✐,在属性栏中单击"画笔"选项右侧的按钮 ·,在弹出的画笔选择面板中选择需要的画笔形状,如图 2-114 所示。在白色文字上进行涂抹擦除部分文字,效果如图 2-115 所示。

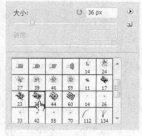

图 2-113　　　　　　　图 2-114　　　　　　　图 2-115

步骤 3 选中"Beautiful Country"图层,单击控制面板下方的"添加图层蒙版"按钮 🔲,为"Beautiful Country"图层添加蒙版,如图 2-116 所示。选择"画笔"工具 ✐,在属性栏中单击"画笔"选项右侧的按钮 ·,在弹出的画笔选择面板中,将"主直径"选项设为 20Px。在文字上进行涂抹擦除部分文字,效果如图 2-117 所示。时尚插画制作完成,效果如图 2-118所示。

图 2-116　　　　　　　图 2-117　　　　　　　图 2-118

2.3.4 【相关工具】

1. 画笔工具

选择"画笔"工具 ✐ 的方法有以下两种。

选择工具箱中的"画笔"工具 ✐ 或反复按 Shift+B 组合键。其属性栏如图 2-119 所示。

图 2-119

在画笔工具属性栏中,"画笔"选项用于选择预设的画笔;"模式"选项用于选择混合模式,选择不同的模式,用喷枪工具操作时将产生丰富的效果;"不透明度"选项用于设定画笔的不透明度;"流量"选项用于设定喷笔压力,压力越大,喷色越浓。单击"启用喷枪模式"按钮 ✐,可以选择喷枪效果。

使用画笔工具:选择"画笔"工具 ✐,在画笔工具属性栏中设置画笔,如图 2-120 所示。在图像中单击并按住鼠标左键,拖曳鼠标可以绘制出书法字的效果,如图 2-121 所示。

图 2-120

图 2-121

单击"画笔"选项右侧的按钮，弹出如图 2-122 所示的画笔选择面板，在面板中可选择画笔形状。

拖曳"大小"选项下的滑块或输入数值可以设置画笔的大小。如果选择的画笔是基于样本的，将显示"使用取样大小"按钮，单击该按钮，可以使画笔的直径恢复到初始的大小。

单击画笔选择面板右上方的按钮，在弹出的下拉菜单中选择"描边缩览图"命令，如图 2-123 所示，画笔的显示效果如图 2-124 所示。

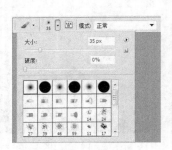

图 2-122

图 2-123

图 2-124

下拉菜单中的各个命令如下。

"新建画笔预设"命令：用于建立新画笔。

"重命名画笔"命令：用于重新命名画笔。

"删除画笔"命令：用于删除当前选中的画笔。

"纯文本"命令：以文字描述方式显示画笔选择面板。

"小缩览图"命令：以小图标方式显示画笔选择面板。

"大缩览图"命令：以大图标方式显示画笔选择面板。

"小列表"命令：以小文字和图标列表方式显示画笔选择面板。

"大列表"命令：以大文字和图标列表方式显示画笔选择面板。

"描边缩览图"命令：以笔画的方式显示画笔选择面板。

"预设管理器"命令：用于在弹出的"预置管理器"对话框中编辑画笔。

"复位画笔"命令：用于恢复默认状态的画笔。

"载入画笔"命令：用于将存储的画笔载入面板。

"存储画笔"命令：用于将当前的画笔进行存储。

"替换画笔"命令：用于载入新画笔并替换当前画笔。

下面的选项为各个画笔库。

在画笔选择面板中单击 按钮，弹出如图 2-125 所示的"画笔名称"对话框。单击画笔工具属性栏中的 按钮，弹出如图 2-126 所示的"画笔"控制面板。

图 2-125

图 2-126

◎ **画笔笔尖形状选项**

在"画笔"控制面板中选择"画笔笔尖形状"选项，弹出相应的控制面板，如图 2-127 所示。"画笔笔尖形状"选项可以设置画笔的形状。

"使用取样大小"按钮：可以使画笔的直径恢复到初始的大小。

"大小"选项：用于设置画笔的大小。

"角度"选项：用于设置画笔的倾斜角度。

"圆度"选项：用于设置画笔的圆滑度。在右侧的预览框中可以观察和调整画笔的角度及圆滑度。

"硬度"选项：用于设置使用画笔所画图像的边缘的柔化程度，硬度的数值用百分比表示。

"间距"选项：用于设置画笔画出的标记点之间的间隔距离。

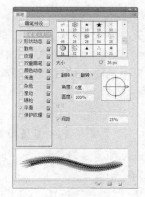

图 2-127

◎ **形状动态选项**

在"画笔"面板中，单击"形状动态"选项，弹出相应的控制面板，如图 2-128 所示。"形状动态"选项可以增加画笔的动态效果。

"大小抖动"选项：用于设置动态元素的自由随机度。当数值设置为 100% 时，使用画笔绘制的元素会出现最大的自由随机度；当数值设置为 0% 时，使用画笔绘制的元素没有变化。

在"控制"选项的下拉列表中可以通过选择各个选项来控制动态元素的变化。其中包含关、渐隐、钢笔压力、钢笔斜度、光笔轮和旋转 6 个选项。

"最小直径"选项：用来设置画笔标记点的最小尺寸。

"倾斜缩放比例"选项：当选择"控制"下拉列表中的"钢笔斜度"选项后，可以设置画笔的倾斜比例。在使用数位板时此选项才有效。

"角度抖动"和"控制"选项："角度抖动"选项用于设置画笔在绘制线条的过程中标记点角

图 2-128

度的动态变化效果；在"控制"选项的下拉列表中，可以选择各个选项，来控制抖动角度的变化。

"圆度抖动"和"控制"选项："圆度抖动"选项用于设置画笔在绘制线条的过程中标记点圆度的动态变化效果；在"控制"下拉列表中可以通过选择各个选项来控制圆度抖动的变化。

"最小圆度"选项：用于设置画笔标记点的最小圆度。

◎ "散布"选项

在"画笔"控制面板中，单击"散布"选项，弹出相应的面板，如图 2-129 所示。"散布"选项可以设置画笔绘制的线条中标记点的效果。

图 2-129

"散布"选项：用于设置画笔绘制的线条中标记点的分布效果。不选中"两轴"复选项，画笔的标记点的分布与画笔绘制的线条方向垂直；选中"两轴"复选项，画笔标记点将以放射状分布。

"数量"选项：用于设置每个空间间隔中画笔标记点的数量。

"数量抖动"选项：用于设置每个空间间隔中画笔标记点的数量变化。在"控制"下拉列表中可以通过选择各个选项来控制数量抖动的变化。

◎ 纹理选项

在"画笔"控制面板中，单击"纹理"选项，弹出相应的控制面板，如图 2-130 所示。"纹理"选项可以使画笔纹理化。

在控制面板的上方有纹理的预视图，单击右侧的下三角按钮，在弹出的面板中可以选择需要的图案。选中"反相"复选项可以设定纹理的反相效果。

图 2-130

"缩放"选项：用于设置图案的缩放比例。

"为每个笔尖设置纹理"复选项：用于设置是否分别对每个标记点进行渲染。选择此项，下面的"最小深度"和"深度抖动"选项将变为可用。

"模式"选项：用于设置画笔和图案之间的混合模式。

"深度"选项：用于设置画笔混合图案的深度。

"最小深度"选项：用于设置画笔混合图案的最小深度。

"深度抖动"选项：用于设置画笔混合图案的深度变化。

◎ 双重画笔选项

在"画笔"控制面板中选择"双重画笔"选项，弹出相应的控制面板，如图 2-131 所示。双重画笔效果就是两种画笔效果的混合。

"模式"选项：用于设置两种画笔的混合模式。在画笔预览框中选择一种画笔作为第 2 个画笔。

"大小"选项：用于设置第 2 个画笔的大小。

"间距"选项：用于设置使用第 2 个画笔在绘制的线条中的标记点之间的距离。

"散布"选项：用于设置使用第 2 个画笔在所绘制的线条中标记点的分布效果。不选中"两轴"复选项，画笔的标记点的分布与画笔绘制的线条方向垂直。选中"两轴"复选项，画笔标记点将以放射状分布。

"数量"选项：用于设置每个空间间隔中第 2 个画笔标记点的数量。

◎ **颜色动态选项**

在"画笔"控制面板中选择"颜色动态"选项，弹出相应的控制面板，如图 2-132 所示。"颜色动态"选项用于设置画笔绘制线条的过程中颜色的动态变化情况。

"前景/背景抖动"选项：用于设置使用画笔绘制的线条在前景色和背景色之间的动态变化。

"色相抖动"选项：用于设置使用画笔绘制的线条的色相的动态变化范围。

"饱和度抖动"选项：用于设置使用画笔绘制的线条的饱和度的动态变化范围。

"亮度抖动"选项：用于设置使用画笔绘制的线条的亮度的动态变化范围。

"纯度"选项：用于设置颜色的纯度。

图 2-131　　　　　　　　图 2-132

◎ **画笔的其他选项**

"杂色"选项：可以为画笔增加杂色效果。

"湿边"选项：可以为画笔增加水笔的效果。

"喷枪"选项：可以使画笔变为喷枪的效果。

"平滑"选项：可以使画笔绘制的线条产生更平滑、顺畅的曲线。

"保护纹理"选项：可以对所有的画笔应用相同的纹理图案。

2. 铅笔工具

铅笔工具可以模拟铅笔的效果进行绘画。选择"铅笔"工具 的有以下两种方法。

选择工具箱中的"铅笔"工具 或反复按 Shift+B 组合键，其属性栏如图 2-133 所示。

图 2-133

在铅笔工具属性栏中，"画笔"选项用于选择画笔；"模式"选项用于选择混合模式；"不透明度"选项用于设定不透明度；"自动抹除"选项用于自动判断绘画时的起始点颜色，如果起始点颜色为背景色，则铅笔工具将以前景色绘制；反之，如果起始点颜色为前景色，则铅笔工具会以背景色绘制。

使用铅笔工具：选择"铅笔"工具 ，在铅笔工具属性栏中选择画笔，选中"自动抹除"复选项，如图 2-134 所示，此时绘制效果与所单击的起始点颜色有关。当起始点像素与前景色相同时，"铅笔"工具 将行使"橡皮擦"工具 的功能，以背景色绘图；如果鼠标点起始点颜色不是前景色，则绘图时仍然会保持以前景色绘制。例如，将前景色和背景色分别设定为黑色和灰色，在图中单击，画出一个黑点，在黑色区域内单击以绘制下一个点，点的颜色就会变成灰色，重复以上操作，得到的效果如图 2-135 所示。

图 2-134

图 2-135

3. 拾色器对话框

单击工具箱下方的"设置前景色/背景色"图标，弹出"拾色器"对话框，可以在"拾色器"对话框中设置颜色。

使用颜色滑块和颜色选择区：用鼠标在颜色色带上单击或拖曳两侧的三角形滑块，如图 2-136 所示，可以使颜色的色相发生变化。

在"拾色器"对话框左侧的颜色选择区中，可以选择颜色的明度和饱和度，垂直方向表示明度的变化，水平方向表示饱和度的变化。

选择好颜色后，在对话框的右侧上方的颜色框中会显示所设置的颜色，右侧下方是所选择颜色的 HSB、RGB、CMYK、Lab 值。选择好颜色后，单击"确定"按钮，所选择的颜色将变为工具箱中的前景色或背景色。

使用颜色库按钮选择颜色：在"拾色器"对话框中单击"颜色库"按钮 ▢ **颜色库** ，弹出"颜色库"对话框，如图 2-137 所示。对话框中的"色库"下拉列表中是一些常用的印刷颜色体系，如图 2-138 所示，其中"TRUMATCH"是为印刷设计提供服务的印刷颜色体系。

在颜色色相区域内单击或拖曳两侧的三角形滑块，可以使颜色的色相发生变化，在颜色选择区中设置带有编码的颜色，在对话框的右侧上方的颜色框中会显示出所设置的颜色，右侧下方是所设置的颜色的 CMYK 值。

通过输入数值设置颜色：在"拾色器"对话框右侧下方的 HSB、RGB、CMYK、Lab 色彩模式后面，都带有可以输入数值的文本框，在其中输入所需颜色的数值也可以得到希望的颜色。

选中对话框左下方的"只有 Web 颜色"复选项，颜色选择区中出现供网页使用的颜色，如图 2-139 所示，在右侧的数值框 # ▢ 006699 中，显示的是网页颜色的数值。

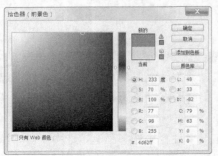

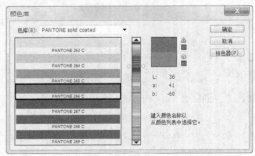

图 2-136

图 2-137

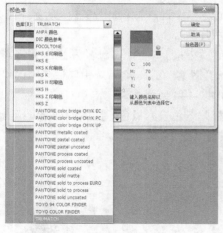

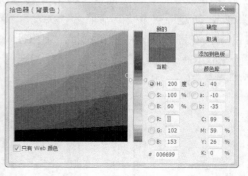

图 2-138 图 2-139

2.3.5 【实战演练】制作儿童插画

使用画笔工具绘制房子、大树、小草和云彩图形。使用复制图层命令复制云彩图形。最终效果参看光盘中的"Ch02 > 效果 > 制作儿童插画",如图 2-140 所示。

图 2-140

2.4 制作茶艺人物插画

2.4.1 【案例分析】

制作茶艺人物插画是为文化杂志制作的插画,案例要求体现茶艺的特色,茶艺是具有中国的特色文化,所以在设计上要体现其中国特色。

2.4.2 【设计理念】

在绘制思路上,用一个身着中国特色服饰旗袍的女孩,闭目凝神端着茶杯,在享受着品茶的美妙滋味,享受其中。少女周围的环境别有风味,古色古香的茶楼以及悬挂的大红灯笼都具有浓重的中国特色,充分体现了茶艺的美妙。最终效果参看光盘中的"Ch02 > 效果 > 制作茶艺人物插画",如图 2-141 所示。

2.4.3 【操作步骤】

1. 绘制头部

图 2-141

步骤 1 按 Ctrl+N 组合键新建一个文件,宽度为 4.5 厘米,高度为 6 厘米,分辨率为 300 像素/英寸,颜色模式为 RGB,背景内容为白色,单击"确定"按钮,效果如图 2-142 所示。

步骤 2 按 Ctrl+O 组合键,打开光盘中的"Ch02 > 素材 > 制作茶艺人物插画 > 01"文件。选择"移动"工具 ，将图片拖曳到图像窗口中的适当位置，效果如图 2-143 所示。在"图层"控制面板中生成新的图层并将其命名为"背景图片"。

步骤 3 单击"图层"控制面板下方的"创建新组"按钮 ，生成新的图层组并将其命名为"头部"。新建图层并将其命名为"头发"。选择"钢笔"工具 ，选中属性栏中的"路径"按钮 ，在图像窗口中拖曳鼠标绘制路径，如图 2-144 所示。

步骤 4 按 Ctrl+Enter 组合键将路径转化为选区。将前景色设为黑色。按 Alt+Delete 组合键用前景色填充选区，按 Ctrl+D 组合键取消选区，效果如图 2-145 所示。

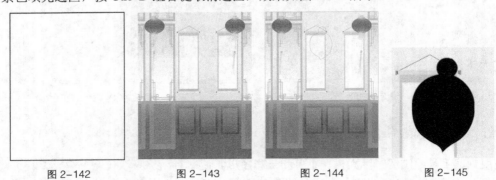

图 2-142　　　　　图 2-143　　　　　图 2-144　　　　　图 2-145

步骤 5 新建图层并将其命名为"脸部"。选择"钢笔"工具 ，在图像窗口中拖曳鼠标绘制路径，如图 2-146 所示。按 Ctrl+Enter 组合键将路径转化为选区。将前景色设为肤色（其 R、G、B 的值分别为 253、206、163）。按 Alt+Delete 组合键用前景色填充选区，按 Ctrl+D 组合键取消选区，效果如图 2-147 所示。

步骤 6 新建图层并将其命名为"发丝"。将前景色设为酒红色（其 R、G、B 的值分别为 166、48、36）。选择"画笔"工具 ，在属性栏中单击"画笔"选项右侧的按钮 ，在弹出的画笔选择面板中选择需要的画笔形状，如图 2-148 所示。在图像窗口中适当的位置拖曳鼠标绘制图形，效果如图 2-149 所示。

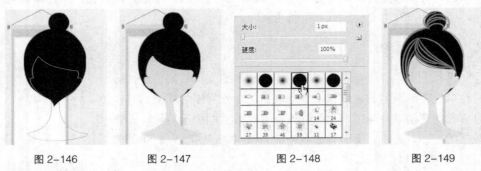

图 2-146　　　　　图 2-147　　　　　图 2-148　　　　　图 2-149

步骤 7 新建图层并将其命名为"眼睛"。选择"钢笔"工具 ，在图像窗口中拖曳鼠标绘制两个路径，如图 2-150 所示。按 Ctrl+Enter 组合键将路径转化为选区。将前景色设为浅黄色（其 R、G、B 的值分别为 251、185、128）。按 Alt+Delete 组合键用前景色填充选区，按 Ctrl+D 组合键取消选区，效果如图 2-151 所示。

步骤 8 新建图层并将其命名为"眼影"。选择"钢笔"工具 ，在图像窗口中绘制两个路径，如图 2-152 所示。将前景色设为土黄色（其 R、G、B 的值分别为 235、158、87）。按 Ctrl+Enter 组合键将路径转换为选区。按 Alt+Delete 组合键用前景色填充选区，按 Ctrl+D 组合键取消选区，效果如图 2-153 所示。

图 2-150 　　　　　　图 2-151 　　　　　　图 2-152 　　　　　　图 2-153

步骤 9 新建图层并将其命名为"眼睫毛"。选择"钢笔"工具 ，在图像窗口中绘制两个路径，如图 2-154 所示。将前景色设为黑色。按 Ctrl+Enter 组合键将路径转换为选区。按 Alt+Delete 组合键用前景色填充选区，按 Ctrl+D 组合键取消选区，效果如图 2-155 所示。

步骤 10 新建图层并将其命名为"鼻子"。选择"钢笔"工具 ，在图像窗口中绘制路径，如图 2-156 所示。将前景色设为土黄色（其 R、G、B 的值分别为 235、158、87）。按 Ctrl+Enter 组合键将路径转换为选区。按 Alt+Delete 组合键用前景色填充选区，按 Ctrl+D 组合键取消选区，效果如图 2-157 所示。

图 2-154 　　　　　　图 2-155 　　　　　　图 2-156 　　　　　　图 2-157

步骤 11 新建图层并将其命名为"嘴"。选择"钢笔"工具 ，在图像窗口中绘制路径，如图 2-158 所示。将前景色设为玫红色（其 R、G、B 的值分别为 242、102、98）。按 Ctrl+Enter 组合键将路径转换为选区。按 Alt+Delete 组合键用前景色填充选区，按 Ctrl+D 组合键取消选区，效果如图 2-159 所示。

步骤 12 新建图层并将其命名为"嘴 1"。选择"钢笔"工具 ，在图像窗口中绘制路径，如图 2-160 所示。将前景色设为白色。按 Ctrl+Enter 组合键将路径转换为选区。按 Alt+Delete 组合键用前景色填充选区，按 Ctrl+D 组合键取消选区，效果如图 2-161 所示。单击"头部"图层组前面的三角形按钮 ，将"头部"图层组隐藏。

图 2-158 　　　　　　图 2-159 　　　　　　图 2-160 　　　　　　图 2-161

2. 绘制身体部分

步骤 1 新建图层组并将其命名为"身体"。新建图层并将其命名为"身体"。选择"钢笔"工具 ，在图像窗口中绘制路径，如图 2-162 所示。

步骤 2 将前景色设为咖啡色（其 R、G、B 的值分别为 75、1、1）。按 Ctrl+Enter 组合键将路径转换为选区，按 Alt+Delete 组合键用前景色填充选区，按 Ctrl+D 组合键取消选区，如图 2-163 所示。

图 2-162   图 2-163

步骤 3 新建图层并将其命名为"线 1"。选择"钢笔"工具 ，在图像窗口中绘制路径，如图 2-164 所示。将前景色设为黄色（其 R、G、B 的值分别为 255、234、0）。选择"画笔"工具 ，在属性栏中单击"画笔"选项右侧的按钮 ，在画笔选择面板中选择需要的画笔形状，如图 2-165 所示。

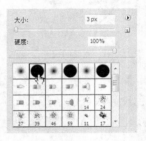

图 2-164   图 2-165

步骤 4 选择"路径选择"工具 ，选取路径，单击鼠标右键，在弹出的菜单中选择"描边路径"命令，弹出"路径描边"对话框，单击"确定"按钮，按 Enter 键，将路径隐藏，效果如图 2-166 所示。用相同的方法绘制其他图形，并填充相同的颜色，效果如图 2-167 所示。

图 2-166   图 2-167

步骤 5 新建图层并将其命名为"手臂"。选择"钢笔"工具 ，在图像窗口中拖曳鼠标绘制两条路径，如图 2-168 所示。按 Ctrl+Enter 组合键将路径转化为选区。将前景色设为肤色（其

R、G、B 的值分别为 253、206、163）。按 Alt+Delete 组合键用前景色填充选区，按 Ctrl+D 组合键取消选区，效果如图 2-169 所示。

图 2-168

图 2-169

步骤 6 　新建图层并将其命名为"茶杯"。选择"钢笔"工具 ✐，在图像窗口中拖曳鼠标绘制路径，如图 2-170 所示。按 Ctrl+Enter 组合键将路径转化为选区。将前景色设为淡黄色（其 R、G、B 的值分别为 255、255、213）。按 Alt+Delete 组合键用前景色填充选区，按 Ctrl+D 组合键取消选区，效果如图 2-171 所示。在"图层"控制面板中，将"茶杯"图层拖曳到"手臂"图层的下方，图像效果如图 2-172 所示。单击"头部"图层组前面的三角形按钮 ▽，将"身体"图层组隐藏。

步骤 7 　按 Ctrl+O 组合键，打开光盘中的"Ch02＞素材＞制作茶艺人物插画＞02"文件。选择"移动"工具 ⊕，将图片拖曳到图像窗口中的适当位置并调整其大小，效果如图 2-173 所示，在"图层"控制面板中生成新的图层并将其命名为"桌子"。茶艺人物插画制作完成。

图 2-170

图 2-171

图 2-172

图 2-173

2.4.4 【相关工具】

1. 钢笔工具

钢笔工具用于在 Photoshop CS5 中绘制路径。启用"钢笔"工具 ✐，有以下几种方法。

选择"钢笔"工具 ✐，或反复按 Shift+P 组合键，其属性栏状态如图 2-174 所示。

图 2-174

按住 Shift 键，创建锚点时，会强迫系统以 45°角或 45°角的倍数绘制路径；按住 Alt 键，当鼠标指针移到锚点上时，指针暂时由"钢笔"工具图标 ✐ 转换成"转换点"工具图标 ◥；按住 Ctrl 键，鼠标指针暂时由"钢笔"工具图标 ✐ 转换成"直接选择"工具图标 ▷。

建立一个新的图像文件，选择"钢笔"工具 ，在钢笔工具的属性栏中单击选择"路径"按钮 ，这样使用"钢笔"工具 绘制的将是路径。如果单击选择"形状图层"按钮 ，将绘制出形状图层。勾选"自动添加/删除"复选框，可直接利用钢笔工具在路径上单击添加锚点，或单击路径上已有的锚点来删除锚点。

在图像中任意位置单击鼠标左键，将创建出第 1 个锚点，将鼠标指针移动到其他位置再单击鼠标左键，则创建第 2 个锚点，两个锚点之间自动以直线连接，如图 2-175 所示。再将鼠标指针移动到其他位置单击鼠标左键，出现了第 3 个锚点，系统将在第 2、3 锚点之间生成一条新的直线路径，如图 2-176 所示。

将鼠标指针移至第 2 个锚点上，会发现指针现在由"钢笔"工具图标 转换成了"删除锚点"工具图标 ，如图 2-177 所示，在锚点上单击，即可将第 2 个锚点删除，效果如图 2-178 所示。

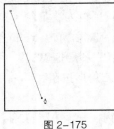  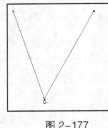 

图 2-175　　　　　图 2-176　　　　　图 2-177　　　　　图 2-178

◎ 绘制曲线

使用"钢笔"工具 单击建立新的锚点并按住鼠标左键，拖曳鼠标，建立曲线段和曲线锚点，如图 2-179 所示，松开鼠标左键，按住 Alt 键同时，用"钢笔"工具 单击刚建立的曲线锚点，如图 2-180 所示，将其转换为直线锚点，在其他位置再次单击建立下一个新的锚点，可在曲线段后绘制出直线段，如图 2-181 所示。

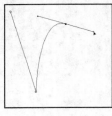 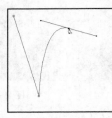 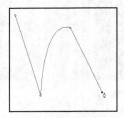

图 2-179　　　　　　　图 2-180　　　　　　　图 2-181

2. 自由钢笔工具

自由钢笔工具用于在 Photoshop CS5 中绘制不规则路径。启用"自由钢笔"工具 ，有以下几种方法。

选择"自由钢笔"工具 ，或反复按 Shift+P 组合键。对其属性栏进行设置，如图 2-182 所示。自由钢笔工具属性栏中的选项内容与钢笔工具属性栏的选项内容相同，只有"自动添加/删除"选项变为"磁性的"选项，用于将自由钢笔工具变为磁性钢笔工具，与磁性套索工具 相似。

图 2-182

在图像的左上方单击鼠标确定最初的锚点，然后沿图像小心地拖曳鼠标并单击，确定其他的锚点，如图 2-183 所示。可以看到在选择中误差比较大，但只需要使用其他几个路径工具对路径进行一番修改和调整，就可以补救过来，最后的效果如图 2-184 所示。

图 2-183　　　　　　　　　　图 2-184

3. 添加锚点工具

添加锚点工具用于在路径上添加新的锚点。将"钢笔"工具 移动到建立好的路径上，若当前该处没有锚点，则鼠标指针由"钢笔"工具图标 转换成"添加锚点"工具图标 ，在路径上单击可以添加一个锚点，效果如图 2-185 所示。

将"钢笔"工具 的指针移动到建立好的路径上，若当前该处没有锚点，则鼠标指针由"钢笔"工具图标 转换成"添加锚点"工具图标 ，单击并按住鼠标左键，向上拖曳鼠标，建立曲线段和曲线锚点，效果如图 2-186 所示。

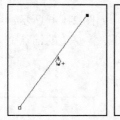
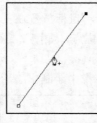
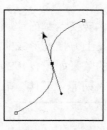

图 2-185　　　　　　　　　　图 2-186

4. 删除锚点工具

删除锚点工具用于删除路径上已经存在的锚点。下面具体讲解删除锚点工具的使用方法和操作技巧。

将"钢笔"工具 的指针放到路径的锚点上，则鼠标指针由"钢笔"工具 图标转换成"删除锚点"工具图标 ，单击锚点将其删除，效果如图 2-187 所示。

将"钢笔"工具 的指针放到曲线路径的锚点上，则"钢笔"工具图标 转换成"删除锚点"工具图标 ，单击锚点将其删除，效果如图 2-188 所示。

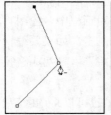

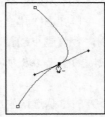
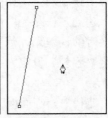

图 2-187　　　　　　　　　　图 2-188

5. 转换点工具

使用"转换点"工具 ⌐，通过鼠标单击或拖曳锚点可将其转换成直线锚点或曲线锚点，拖曳锚点上的调节手柄可以改变线段的弧度。

下面介绍与"转换点"工具 ⌐ 相配合的功能键。

按住 Shift 键，拖曳其中一个锚点，会强迫手柄以 45 度角或 45 度角的倍数进行改变；按住 Alt 键，拖曳手柄，可以任意改变两个调节手柄中的一个，而不影响另一个手柄的位置；按住 Alt 键，拖曳路径中的线段，会把已经存在的路径先复制，再把复制后的路径拖曳到预定的位置处。

下面，将运用路径工具去创建一个心形图形。

建立一个新文件，选择"钢笔"工具 ⌐，用鼠标在页面中单击绘制出需要图案的路径，当要闭合路径时鼠标指针变为图标 ⌐，单击即可闭合路径，完成一个三角形的图案，如图 2-189 所示。

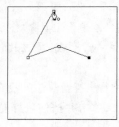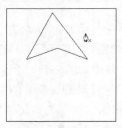

图 2-189

选择"转换点"工具 ⌐，将鼠标放置在三角形右上角的锚点上，如图 2-190 所示，单击锚点并将其向左上方拖曳形成曲线锚点，如图 2-191 所示。使用同样的方法将左边的锚点变为曲线锚点，路径的效果如图 2-192 所示。

使用"钢笔"工具 ⌐ 在图像中绘制出心形图形，如图 2-193 所示。

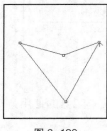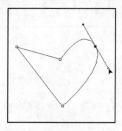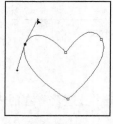

图 2-190 　　　　　　图 2-191 　　　　　　图 2-192 　　　　　　图 2-193

6. 选区和路径的转换

◎ **将选区转换为路径**

在图像上绘制选区，如图 2-194 所示。单击"路径"控制面板右上方的图标 ▦，在弹出式菜单中选择"建立工作路径"命令，弹出"建立工作路径"对话框。在对话框中，应用"容差"选项设置转换时的误差允许范围，数值越小越精确，路径上的关键点也越多。如果要编辑生成的路径，此处将"容差"设定为 2，如图 2-195 所示。单击"确定"按钮将选区转换成路径，效果如图 2-196 所示。

单击"路径"控制面板下方的"从选区生成工作路径"按钮 ⌐，也可以将选区转换成路径。

图 2-194　　　　　　　　　　图 2-195　　　　　　　　　　图 2-196

◎ 将路径转换为选区

在图像中创建路径，如图 2-197 所示。单击"路径"控制面板右上方的图标，在弹出式菜单中选择"建立选区"命令，弹出"建立选区"对话框，如图 2-198 所示。设置完成后单击"确定"按钮，将路径转换成选区，效果如图 2-199 所示。

图 2-197　　　　　　　　　　图 2-198　　　　　　　　　　图 2-199

单击"路径"控制面板下方的"将路径作为选区载入"按钮　，也可以将路径转换成选区。

7. 描边路径

用画笔描边路径，有以下几种方法。

使用"路径"控制面板弹出式菜单：建立路径，如图 2-200 所示。单击"路径"控制面板右上方的图标，在弹出式菜单中选择"描边路径"命令，弹出"描边路径"对话框，如图 2-201 所示，在"工具"选项的下拉列表中选择"画笔"工具，其下拉列表框中，共有 19 种工具可供选择。如果在当前工具箱中已经选择了"画笔"工具，该工具会自动地设置在此处。另外，在画笔属性栏中设定的画笔类型也会直接影响此处的描边效果，对画笔属性栏进行设定。设置好后，单击"确定"按钮，用画笔描边路径的效果如图 2-202 所示。

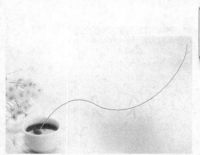

图 2-200　　　　　　　　　　图 2-201　　　　　　　　　　图 2-202

8. 填充路径

用前景色填充路径，有以下几种方法。

使用"路径"控制面板弹出式菜单：建立路径，如图 2-203 所示。单击"路径"控制面板右上方的图标 ，在弹出式菜单中选择"填充路径"命令，弹出"填充路径"对话框，如图 2-204 所示，设置好后，单击"确定"按钮，用前景色填充路径的效果如图 2-205 所示。

图 2-203   图 2-204   图 2-205

"内容"选项组用于设定使用的填充颜色或图案；"模式"选项用于设定混合模式；"不透明度"选项用于设定填充的不透明度；"保留透明区域"选项用于保护图像中的透明区域；"羽化半径"选项用于设定柔化边缘的数值；"消除锯齿"选项用于清除边缘的锯齿。

使用"路径"控制面板按钮：单击"路径"控制面板中的"用前景色填充路径"按钮 ；按住 Alt 键，单击"路径"控制面板中的"用前景色填充路径"按钮 ，弹出"填充路径"对话框。

9. 椭圆工具

椭圆工具可以用来绘制椭圆或圆形。启用"椭圆"工具 ，有以下几种方法。

选择"椭圆"工具 ，或反复按 Shift+U 组合键，其属性栏将显示如图 2-206 所示的状态。椭圆工具属性栏中的选项内容与矩形工具属性栏的选项内容类似。

图 2-206

打开一幅图像，如图 2-207 所示。在图像中的放大镜中间绘制一个圆形，效果如图 2-208 所示。"图层"控制面板如图 2-209 所示。

图 2-207   图 2-208   图 2-209

2.4.5　【实战演练】制作夏日风情插画

　　使用钢笔工具绘制椰子图形。使用描边路径命令和画笔工具绘制椰丝图形。使用扩展命令扩展选区。使用移动工具添加装饰图形和文字图形。最终效果参看光盘中的"Ch02 > 效果 > 制作夏日风情插画"，如图 2-210 所示。

图 2-210

2.5　综合演练——制作滑板运动插画

2.5.1　【案例分析】

　　滑板运动插画是为运动杂志制作的相关插画，本例要求插画设计体现运动的时尚动感，滑板本是年轻人的运动，所以插画设计中要能表现出青春时尚的感觉。

2.5.2　【设计理念】

　　在设计制作过程中，插画中心位置是一个年轻人在玩滑板，以仰视的角度展现滑板运动的刺激与动感，白色的线条体现滑板的速度，玫红色的背景能够充分调动观者的情绪，下面黑白文字搭配简洁，对比分明，插画在细节上制作精巧。

2.5.3　【知识要点】

　　使用渐变工具制作背景。使用去色命令和色阶命令改变人物图片的颜色。使用扩展命令制作人物的投影效果。使用自定形状工具绘制装饰箭头。使用钢笔工具和画笔工具制作描边文字。最终效果参看光盘中的"Ch02 > 效果 > 制作滑板运动插画"，如图 2-211 所示。

图 2-211

2.6 综合演练——制作购物插画

2.6.1 【案例分析】

购物插画经常会出现在报刊杂志的内页上，所以如何在丰富的内容里引起观者的注意是购物插画的重要问题，本例要求插画制作的效果鲜明醒目。

2.6.2 【设计理念】

在设计制作过程中，插画的设计通篇使用大红色为底，充分调动了观者的视觉神经，使用黑色线条描绘的青春少女，具有时尚靓丽的画面效果，画面下方的白色文字在红色背景的映衬下更加凸显了折扣信息，整幅插画视觉效果强烈直观，充满时尚气息。

2.6.3 【知识要点】

使用椭圆工具和减淡工具绘制眼球。使用画笔工具绘制鼻子。使用钢笔工具绘制嘴巴。使用移动工具添加宣传文字。最终效果参看光盘中的"Ch02 > 效果 > 制作购物插画"，如图 2-212 所示。

图 2-212

第3章 卡片设计

卡片是人们增进交流的一种载体，是传递信息、交流情感的一种方式。卡片的种类繁多，有邀请卡、祝福卡、生日卡、圣诞卡、新年贺卡等。本章以制作多个题材的卡片为例，介绍卡片的绘制方法和制作技巧。

课堂学习目标

- 掌握卡片的设计思路
- 掌握卡片的绘制方法和技巧

3.1 制作生日贺卡

3.1.1 【案例分析】

生日是一个人出生的日子，是幸福生活的开始。每年生日时，家人和朋友都会聚在一起，为过生日的人庆生，并送出美好的祝愿。本案例要求营造出庆祝生日时欢快、愉悦的氛围。

3.1.2 【设计理念】

在设计制作过程中，深蓝色的背景映衬出前面的彩色文字，下方的蛋糕生动诱人，在引起人们食欲的同时，点明主题，前方的香槟打开喷溅出来的液体处理成发光的效果，提亮了画面，添加了活泼的氛围，整个卡片体现了欢乐的生日感觉，带给人快乐。最终效果参看光盘中的"Ch03 > 效果 > 制作生日贺卡"，如图 3-1 所示。

图 3-1

3.1.3 【操作步骤】

步骤 1 按 Ctrl+N 组合键，新建一个文件，宽度为 15cm，高度为 21cm，分辨率为 300 像素/英寸，颜色模式为 RGB，背景内容为白色，单击"确定"按钮，将前景色设为深蓝色（其 R、G、B 的值分别为 20、33、61）。按 Alt+Delete 组合键，用前景色填充背景图层，效果如图 3-2 所示。

步骤 2 新建图层并将其命名为"图形"。选择"钢笔"工具，选中属性栏中的"路径"按钮，拖曳鼠标绘制路径，如图 3-3 所示。按 Ctrl+Enter 组合键，将路径转换为选区。

步骤 3 选择"渐变"工具，单击属性栏中的"点按可编辑渐变"按钮，弹出"渐

中
等
职
业
教
育
数
字
艺
术
类
规
划
教
材

变编辑器"对话框。在"位置"选项中分别输入 0、30、100 这三个位置，分别设置位置点颜色的 RGB 值为 0（255、212、188）、30（252、228、149）、100（255、212、188），如图 3-4 所示，单击"确定"按钮。在选区中从左至右拖曳渐变色，按 Ctrl+D 组合键取消选区，效果如图 3-5 所示。

   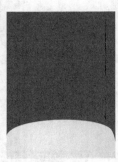

图 3-2　　　　　　图 3-3　　　　　　图 3-4　　　　　　图 3-5

步骤 4 新建图层并将其命名为"彩色图形"。选择"钢笔"工具，拖曳鼠标绘制路径，如图 3-6 所示。按 Ctrl+Enter 组合键，将路径转换为选区。

步骤 5 选择"渐变"工具，单击属性栏中的"点按可编辑渐变"按钮，弹出"渐变编辑器"对话框。在"位置"选项中分别输入 0、30、100 三个位置，分别设置位置点颜色的 RGB 值为 0（219、105、90）、30（214、152、152）、100（219、105、90），如图 3-7 所示，单击"确定"按钮。单击属性栏中的"径向渐变"按钮，在选区中从上向下拖曳渐变色，按 Ctrl+D 组合键取消选区，效果如图 3-8 所示。

 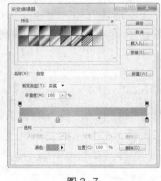 

图 3-6　　　　　　图 3-7　　　　　　图 3-8

步骤 6 新建图层并将其命名为"彩色图形 2"。选择"钢笔"工具，拖曳鼠标绘制路径，如图 3-9 所示。按 Ctrl+Enter 组合键，将路径转换为选区。

步骤 7 选择"渐变"工具，单击属性栏中的"点按可编辑渐变"按钮，弹出"渐变编辑器"对话框。在"位置"选项中分别输入 0、30、100 这三个位置，分别设置位置点颜色的 RGB 值为 0（219、105、90）、30（214、152、152）、100（219、105、90），如图 3-10 所示，单击"确定"按钮。在选区中从上向下拖曳渐变色，按 Ctrl+D 组合键取消选区，效果如图 3-11 所示。

步骤 8 新建图层并将其命名为"咖啡色图形"。选择"钢笔"工具，拖曳鼠标绘制路径，如图 3-12 所示。按 Ctrl+Enter 组合键，将路径转换为选区。

图 3-9　　　　　　　　　图 3-10　　　　　　　　　图 3-11　　　　　　　　　图 3-12

步骤 9 选择"渐变"工具 ，单击属性栏中的"点按可编辑渐变"按钮 ，弹出"渐变编辑器"对话框。在"位置"选项中分别输入 0、40、100 这三个位置，分别设置位置点颜色的 RGB 值为 0（56、4、5）、40（91、35、31）、100（56、4、5），如图 3-13 所示，单击"确定"按钮。在选区中从上向下拖曳渐变色，按 Ctrl+D 组合键取消选区，效果如图 3-14 所示。

 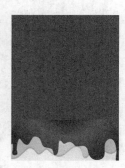

图 3-13　　　　　　　　　　　图 3-14

步骤 10 新建图层并将其命名为"红色图形"。选择"钢笔"工具 ，拖曳鼠标绘制路径，如图 3-15 所示。按 Ctrl+Enter 组合键，将路径转换为选区。

步骤 11 选择"渐变"工具 ，单击属性栏中的"点按可编辑渐变"按钮 ，弹出"渐变编辑器"对话框。在"位置"选项中分别输入 0、40、100 这三个位置，分别设置位置点颜色的 RGB 值为 0（111、15、15）、40（165、62、55）、100（111、15、15），如图 3-16 所示，单击"确定"按钮。在选区中从上向下拖曳渐变色，按 Ctrl+D 组合键取消选区，效果如图 3-17 所示。

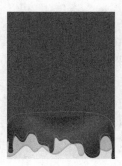 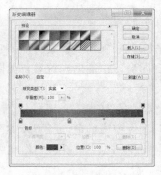 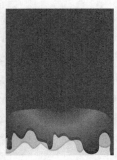

图 3-15　　　　　　　　　图 3-16　　　　　　　　　图 3-17

步骤 12 新建图层并将其命名为"多个图形"。将前景色设为粉红色（其 R、G、B 的值分别为 255、218、217）。选择"钢笔"工具 ，拖曳鼠标绘制多个路径，如图 3-18 所示。按 Ctrl+Enter 组合键，将路径转换为选区。用前景色填充选区，按 Ctrl+D 组合键，取消选区，效果如图 3-19 所示。

步骤 13 按 Ctrl+O 组合键，打开光盘中的"Ch03 > 素材 > 制作生日贺卡 > 01"文件。选择"移动"工具 ，将 01 素材拖曳到图像窗口的适当位置，如图 3-20 所示。在"图层"控制面板中生成新的图层并将其命名为"蜡烛"。

步骤 14 按 Ctrl+O 组合键，打开光盘中的"Ch03 > 素材 > 制作生日贺卡 > 02"文件。选择"移动"工具 ，将 02 素材拖曳到图像窗口的适当位置，如图 3-21 所示。在"图层"控制面板中生成新的图层并将其命名为"文字"。

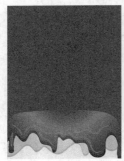

| 图 3-18 | 图 3-19 | 图 3-20 | 图 3-21 |

步骤 15 单击"图层"控制面板下方的"添加图层样式"按钮 ，在弹出的菜单中选择"描边"命令，弹出对话框，将描边颜色设为白色，其他选项的设置如图 3-22 所示，单击"确定"按钮，效果如图 3-23 所示。

图 3-22   图 3-23

步骤 16 按 Ctrl+O 组合键，打开光盘中的"Ch03 > 素材 > 制作生日贺卡 > 03"文件。选择"移动"工具 ，将 03 素材拖曳到图像窗口的适当位置，如图 3-24 所示。在"图层"控制面板中生成新的图层并将其命名为"茶杯"。

步骤 17 按 Ctrl+O 组合键，打开光盘中的"Ch03 > 素材 > 制作生日贺卡 > 04"文件。选择"移动"工具 ，将 04 素材拖曳到图像窗口的适当位置，如图 3-25 所示。在"图层"控制面板中生成新的图层并将其命名为"酒瓶"。生日贺卡制作完成。

图 3-24　　　　　　　　　图 3-25

3.1.4　【相关工具】

1. 填充图形

◎ 油漆桶工具

选择"油漆桶"工具，或反复按 Shift+G 组合键，其属性栏状态如图 3-26 所示。

图 3-26

在油漆桶工具属性栏中，"填充"选项用于选择填充的是前景色或是图案；"模式"选项用于选择着色的模式；"不透明度"选项用于设定不透明度；"容差"选项用于设定色差的范围，数值越小，容差越小，填充的区域也越小；"消除锯齿"选项用于消除边缘锯齿；"连续的"选项用于设定填充方式；"所有图层"选项用于选择是否对所有可见层进行填充。。

使用油漆桶工具：选择"油漆桶"工具，在油漆桶工具属性栏中对"容差"选项进行不同的设定，如图 3-27 和图 3-28 所示。原图像效果如图 3-29 所示。用油漆桶工具在图像中填充，不同的填充效果如图 3-30 和图 3-31 所示

图 3-27

图 3-28

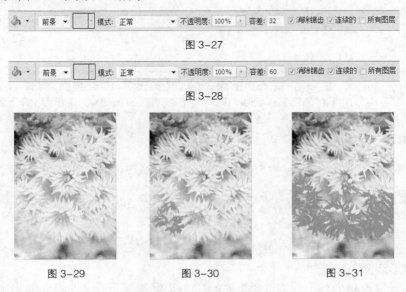

图 3-29　　　　　　图 3-30　　　　　　图 3-31

在油漆桶工具属性栏中对"填充"和"图案"选项进行设定，如图 3-32 所示。用油漆桶工具

在图像中填充，效果如图 3-33 所示。

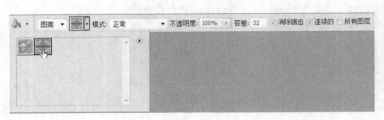

图 3-32　　　　　　　　　　　　　　　　　图 3-33

◎　填充命令

选择"编辑 > 填充"命令，弹出"填充"对话框，如图 3-34 所示。

使用：用于选择填充方式，包括使用前景色、背景色、图案、历史记录、黑色、50%灰色、白色和自定图案进行填充。模式：用于设置填充模式。不透明度：用于设置不透明度。

填充颜色：在图像中绘制选区，如图 3-35 所示。选择"编辑 > 填充"命令，弹出"填充"对话框，选项的设置如图 3-36 所示。单击"确定"按钮，填充效果如图 3-37 所示。

图 3-34

图 3-35　　　　　　　　　　图 3-36　　　　　　　　　　图 3-37

技　巧　按 Alt+Backspace 组合键将使用前景色填充选区或图层；按 Ctrl+Backspace 组合键，将使用背景色填充选区或图层；按 Delete 键将删除选区中的图像，露出背景色或下面的图像。

2.　渐变填充

选择"渐变"工具 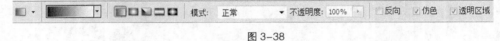，或反复按 Shift+G 组合键，其属性栏状态如图 3-38 所示。

图 3-38

渐变工具包括"线性渐变"按钮、"径向渐变"按钮、"角度渐变"按钮、"对称渐变"按钮和"菱形渐变"按钮。

在渐变工具属性栏中，"点按可编辑渐变"按钮用于选择和编辑渐变的色彩；选项用于选择各类型的渐变工具；"模式"选项用于选择着色的模式；"不透明度"选项用于设定不透明度；"反向"选项用于产生反向色彩渐变的效果；"仿色"选项用于使渐变更平滑；"透明区域"选项用于产生不透明度。

如果要自行编辑渐变形式和色彩，可单击"点按可编辑渐变"按钮，在弹出的如图 3-39 所示的"渐变编辑器"对话框中进行操作即可。

设置渐变颜色：在"渐变编辑器"对话框中，单击颜色编辑框下边的适当位置，可以增加颜色，如图 3-40 所示。颜色可以进行调整，在下面的"颜色"选项中选择颜色，或双击刚建立的颜色按钮，弹出颜色"选择色标颜色"对话框，如图 3-41 所示，在其中选择适合的颜色，单击"确定"按钮，颜色就改变了。颜色的位置也可以进行调整，在"位置"选项中输入数值或用鼠标直接拖曳颜色滑块，都可以调整颜色的位置。

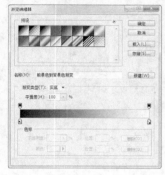
图 3-39

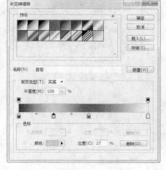
图 3-40

图 3-41

任意选择一个颜色滑块，如图 3-42 所示，单击下面的"删除"按钮，或按 Delete 键，可以将颜色删除，如图 3-43 所示。

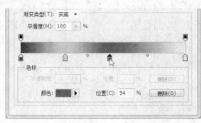
图 3-42

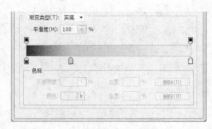
图 3-43

在"渐变编辑器"对话框中，单击颜色编辑框左上方的黑色按钮，如图 3-44 所示，再调整"不透明度"选项，可以使开始的颜色到结束的颜色显示透明的效果，如图 3-45 所示。

图 3-44

图 3-45

在"渐变编辑器"对话框中，单击颜色编辑框的上方，会出现新的色标，如图 3-46 所示。调整"不透明度"选项，可以使新色标的颜色向两边的颜色出现过渡式的透明效果，如图 3-47 所示。

如果想删除终点，单击下面的"删除"按钮，或按 Delete 键，即可将终点删除。

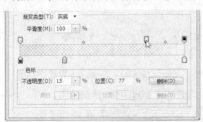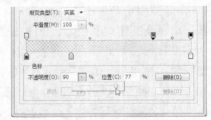

图 3-46   图 3-47

使用渐变工具：选择不同的渐变工具 ▇▇▇▇▇，在图像中单击并按住鼠标左键，拖曳鼠标到适当的位置，松开鼠标左键，可以绘制出不同的渐变效果，如图 3-48 所示。

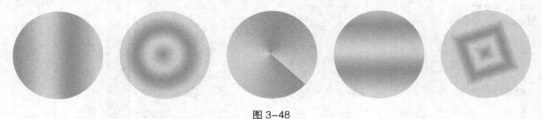

图 3-48

3. 图层样式

Photoshop CS5 提供了多种图层样式，可以单独为图像添加一种样式，也可以同时为图像添加多种样式。

单击"图层"控制面板右上方的图标 ，在弹出的下拉菜单中选择"混合选项"命令，弹出"混合选项"对话框，如图 3-49 所示。此对话框用于对当前图层进行特殊效果的处理。选择对话框左侧的任意选项，将弹出相应的效果面板。

还可以单击"图层"控制面板下方的"添加图层样式"按钮 fx.，弹出其下拉菜单，如图 3-50 所示。

图 3-49   图 3-50

投影命令用于使图像产生阴影效果。内阴影命令用于使图像内部产生阴影效果。外发光命令用于在图像的边缘外部产生一种辉光效果，各效果如图 3-51 所示。

内发光命令用于在图像的边缘内部产生一种辉光效果。斜面和浮雕命令用于使图像产生一种倾斜与浮雕的效果。光泽命令用于使图像产生一种光泽效果，各效果如图 3-52 所示。

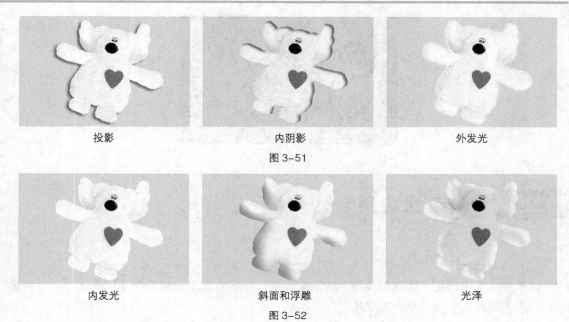

投影 内阴影 外发光

图 3-51

内发光 斜面和浮雕 光泽

图 3-52

颜色叠加命令用于使图像产生一种颜色叠加效果。渐变叠加命令用于使图像产生一种渐变叠加效果。图案叠加命令用于在图像上添加图案效果，描边命令用于为图像描边，各效果如图 3-53 所示。

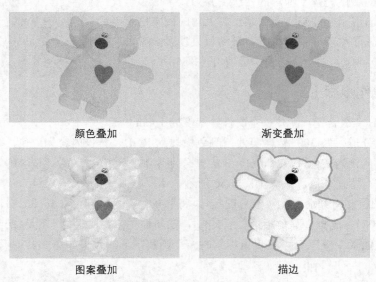

颜色叠加 渐变叠加

图案叠加 描边

图 3-53

3.1.5 【实战演练】制作美容体验卡

使用渐变工具和纹理化滤镜制作背景效果，使用外发光命令为人物添加外发光效果，使用多边形套索工具和移动工具复制并添加花图形，使用文字工具输入卡片信息，使用矩形工具和自定形状工具制作标志效果。最终效果参看光盘中的"Ch03 > 效果 > 制作美容体验卡"，如图 3-54 所示。

中等职业教育数字艺术类规划教材

图 3-54

3.2 制作养生会所会员卡

3.2.1 【案例分析】

由于生活水平的提升使得越来越多的人去追求养生的方法，本例是为养生会所制作的会员卡，要求体现养生会所对会员的重视。

3.2.2 【设计理念】

在设计和制作的过程中，会员卡的背景采用粉色加上传统纹样，搭配金色的字体提升了卡片的档次，并为文字增添了投影效果，使卡片出现了空间感和立体感，右上角的图案色彩丰富鲜艳，增添了画面欢乐热闹的氛围。最终效果参看光盘中的"Ch03 > 效果 > 制作养生会所会员卡"，如图 3-55 所示。

图 3-55

3.2.3 【操作步骤】

步骤 1 按 Ctrl+N 组合键，新建一个文件，宽度为 10cm，高度为 7cm，分辨率为 300 像素/英寸，颜色模式为 RGB，背景内容为白色，单击"确定"按钮，将前景色设为灰色（其 R、G、B 的值分别为 179、176、176）。按 Alt+Delete 组合键，用前景色填充背景图层，效果如图 3-56 所示。

步骤 2 新建图层并将其命名为"红色图形"。将前景色设为玫红色（其 R、G、B 的值分别为 206、42、108）。选择"圆角矩形"工具 □，在属性栏中将"半径"设为 25px，选中属性栏中的"填充像素"按钮 □，拖曳鼠标绘制一个圆角矩形，效果如图 3-57 所示。

图 3-56

图 3-57

步骤 3 按 Ctrl+O 组合键，打开光盘中的"Ch03 > 素材 > 制作养生会所会员卡 > 01"文件。

选择"移动"工具 ，将 01 素材拖曳到图像窗口的适当位置，如图 3-58 所示。在"图层"控制面板中生成新的图层并将其命名为"图案"。按 Ctrl+Alt+G 组合键，为"图案"图层创建剪贴蒙版，效果如图 3-59 所示。

图 3-58

图 3-59

步骤 4 按 Ctrl+O 组合键，打开光盘中的"Ch03 > 素材 > 制作养生会所会员卡 > 02"文件。选择"移动"工具 ，将 02 素材拖曳到图像窗口的适当位置，如图 3-60 所示，在"图层"控制面板中生成新的图层并将其命名为"花纹"。按 Ctrl+Alt+G 组合键，为"花纹"图层创建剪贴蒙版，效果如图 3-61 所示。

图 3-60

图 3-61

步骤 5 在"图层"控制面板上方，将"花纹"图层的"不透明度"选项设为 17%，"填充"选项设为 80%，如图 3-62 所示，图像效果如图 3-63 所示。

图 3-62

图 3-63

步骤 6 选择"椭圆"工具 ，选中属性栏中的"路径"按钮 ，按住 Shift 键的同时，绘制一个圆形路径，如图 3-64 所示。将前景色设为黄色（其 R、G、B 的值分别为 239、228、38）。选择"画笔"工具 ，在属性栏中单击"画笔"选项右侧的按钮 ，在画笔选择面板中选择需要的画笔形状，如图 3-65 所示。

步骤 7 选择"路径选择"工具 ，选取路径，单击鼠标右键，在弹出的菜单中选择"描边路径"命令，弹出"路径描边"对话框，单击"确定"按钮，效果如图 3-66 所示，按 Enter 键，将路径隐藏，效果如图 3-67 所示。将前景色设为蓝色（其 R、G、B 的值分别为 53、158、209）。用相同的方法绘制其他圆形，效果如图 3-68 所示。

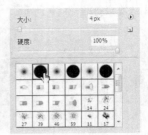

图 3-64　　　　　　　　　　　　　图 3-65

图 3-66　　　　　　　　　图 3-67　　　　　　　　图 3-68

步骤 8　新建图层，将前景色设为黄色（其 R、G、B 的值分别为 239、228、38）。选择"矩形"工具 ，选中属性栏中的"填充像素"按钮 ，拖曳鼠标绘制一个矩形，效果如图 3-69 所示。按 Ctrl+T 组合键，图形周围出现变换框，将鼠标指针放在变换框的外边，当鼠标指针变为旋转图标 时，拖曳鼠标将图形旋转到适当的角度，按 Enter 键确定操作，效果如图 3-70 所示。用相同的方式绘制其他图形，并分别填充适当的颜色，效果如图 3-71 所示。

步骤 9　在"图层"控制面板中，按住 Shift 键的同时，单击"图层 1"和"图层 10"，将两个图层之间的所有图层同时选取，按 Ctrl+E 组合键，合并图层，并将其命名为"色块"。

步骤 10　选择"直线"工具 ，将"粗细"选项设为 8px，按住 Shift 键的同时，拖曳鼠标绘制一条直线，效果如图 3-72 所示。

步骤 11　将前景色设为紫色（其 R、G、B 的值分别为 119、27、66）。选择"横排文字"工具 ，在适当的位置输入需要的文字，在属性栏中选择合适的字体并设置文字大小，效果如图 3-73 所示。在"图层"控制面板中分别生成新的文字图层。

图 3-69　　　　　图 3-70　　　　　　图 3-71　　　　　　图 3-72　　　　　　图 3-73

步骤 12　单击"图层"控制面板下方的"添加图层样式"按钮 fx ，在弹出的下拉菜单中选择"外发光"命令，弹出"外发光"对话框，选项的设置如图 3-74 所示，单击"确定"按钮，效果如图 3-75 所示。

步骤 13　新建图层并将其命名为"色条"。将前景色设为橘黄色（其 R、G、B 的值分别为 224、114、49）。选择"矩形"工具 ，拖曳鼠标绘制一个矩形，效果如图 3-76 所示。分别设置适当的颜色，并用相同的方法绘制其他图形，效果如图 3-77 所示。

图 3-74   图 3-75

图 3-76   图 3-77

步骤 14 按 Ctrl+O 组合键，打开光盘中的"Ch03 > 素材 > 制作养生会所会员卡 > 03"文件。选择"移动"工具 ，将 03 素材拖曳到图像窗口的适当位置，如图 3-78 所示。在"图层"控制面板中生成新的图层并将其命名为"装饰"。

步骤 15 按 Ctrl+O 组合键，打开光盘中的"Ch03 > 素材 > 制作养生会所会员卡 > 04"文件。选择"移动"工具 ，将 04 素材拖曳到图像窗口的适当位置，如图 3-79 所示。在"图层"控制面板中生成新的图层并将其命名为"星星光"。在"图层"控制面板上方，将该图层的混合模式设为"滤色"，图像效果如图 3-80 所示。

图 3-78   图 3-79   图 3-80

步骤 16 将前景色设为黄色（其 R、G、B 值分别为 247、236、125）。选择"横排文字"工具 ，在适当的位置输入需要的文字，在属性栏中选择合适的字体并设置文字大小，效果如图 3-81 所示。在"图层"控制面板中分别生成新的文字图层。

步骤 17 按 Ctrl+O 组合键，打开光盘中的"Ch03 > 素材 > 制作养生会所会员卡 > 05"文件。选择"移动"工具 ，将 05 素材拖曳到图像窗口的适当位置，如图 3-82 所示。在"图层"控制面板中生成新的图层并将其命名为"线"。

步骤 18 将"线"图层拖曳到"图层"控制面板下方的"创建新图层"按钮 上进行复制，生成新的副本图层。选择"移动"工具 ，按住 Shift 键的同时，在图像窗口中垂直向下拖曳到适当的位置，效果如图 3-83 所示。

图 3-81　　　　　　　　　　图 3-82　　　　　　　　　图 3-83

步骤 19　选择"横排文字"工具 T.，在适当的位置输入需要的文字，在属性栏中选择合适的字体并设置文字大小，效果如图 3-84 所示。在"图层"控制面板中分别生成新的文字图层。

步骤 20　按 Ctrl+O 组合键，打开光盘中的"Ch03 > 素材 > 制作养生会所会员卡 > 06"文件。选择"移动"工具 ►+，将 06 素材拖曳到图像窗口的适当位置，如图 3-85 所示。

图 3-84　　　　　　　　　图 3-85

步骤 21　新建图层并将其命名为"形状"。选择"自定形状"工具 ，单击属性栏中的"形状"选项，弹出"形状"面板，单击面板右上方的 ► 按钮，在弹出的下拉菜单中选择"形状"选项，弹出提示对话框，单击"确定"按钮。在"形状"面板中选择需要的图形，如图 3-86 所示。在属性栏中的"填充像素"按钮 ，拖曳鼠标绘制一个图形，效果如图 3-87 所示。使用相同方式绘制多边形形状，效果如图 3-88 所示。养生会所会员卡制作完成，效果如图 3-89 所示。

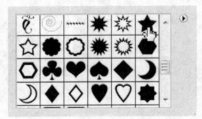

图 3-86　　　　　　　　　　　图 3-87

图 3-88　　　　　　　　　图 3-89

3.2.4 【相关工具】

1. 矩形工具

选择"矩形"工具□，或反复按 Shift+U 组合键，其属性栏状态如图 3-90 所示。

图 3-90

在矩形工具属性栏中，□□□选项组用于选择创建形状图层、创建工作路径或填充像素；
□□□□○○○/☆-选项组用于选择形状路径工具的种类；□□□□□选项组用于选择路径的组合方式；"样式"选项为层风格选项；"颜色"选项用于设定图形的颜色。

单击□□□□○○○/☆-选项组中的小按钮□，弹出"矩形选项"面板，如图 3-91 所示。在面板中可以通过各种设置来控制矩形工具所绘制的图形区域，包括："不受约束"、"方形"、"固定大小"、"比例"和"从中心"选项，"对齐像素"选项用于使矩形边缘自动与像素边缘重合。

打开一幅图像，如图 3-92 所示。在图像中的星形中间绘制出矩形，效果如图 3-93 所示。"图层"控制面板如图 3-94 所示。

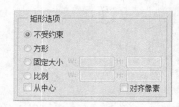

图 3-91   图 3-92   图 3-93   图 3-94

2. 圆角矩形工具

选择"圆角矩形"工具□，或反复按 Shift+U 组合键，其属性栏状态如图 3-95 所示。圆角矩形属性栏中的选项内容与矩形工具属性栏的选项内容类似，只多了一项"半径"选项，用于设定圆角矩形的平滑程度，数值越大越平滑。

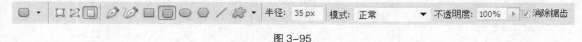

图 3-95

打开一幅图像，如图 3-96 所示。在图像中的星形中间绘制出圆角矩形，效果如图 3-97 所示。"图层"控制面板如图 3-98 所示。

图 3-96   图 3-97   图 3-98

3. 自定形状工具

自定形状工具可以用来绘制一些自定义的图形。下面具体讲解自定形状工具的使用方法和操作技巧。启用"自定形状"工具，有以下几种方法。

选择"自定形状"工具，或反复按 Shift+U 组合键，其属性栏状态如图 3-99 所示。自定形状工具属性栏中的选项内容与矩形工具属性栏的选项内容类似，只多了一项"形状"选项，用于选择所需的形状。

图 3-99

单击"形状"选项右侧的按钮·，弹出如图 3-100 所示的形状面板。面板中存储了可供选择的各种不规则形状。

打开一幅图像，如图 3-101 所示。在图像中绘制出不同的形状，效果如图 3-102 所示。"图层"控制面板如图 3-103 所示。

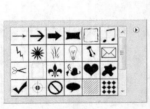

图 3-100   图 3-101   图 3-102   图 3-103

可以应用自定义形状命令来自己制作并定义形状。使用"钢笔"工具，选中属性栏中的"形状图层"按钮，在图像窗口中绘制出需要定义的路径形状，如图 3-104 所示。

选择"编辑 > 定义自定形状"命令，弹出"形状名称"对话框，在"名称"选项的文本框中输入自定形状的名称，如图 3-105 所示，单击"确定"按钮，在"形状"选项面板中将会显示刚才定义好的形状，如图 3-106 所示。

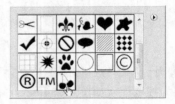

图 3-104   图 3-105   图 3-106

4. 直线工具

直线工具可以用来绘制直线或带有箭头的线段。启用"直线"工具，有以下几种方法。

选择"直线"工具，或反复按 Shift+U 组合键，其属性栏状态如图 3-107 所示。直线工具属性栏中的选项内容与矩形工具属性栏的选项内容类似，只多了一项"粗细"选项，用于设定直线的宽度。

图 3-107

单击 选项组中的小按钮 ，弹出"箭头"面板，如图 3-108 所示。

"起点"选项用于选择箭头位于线段的始端；"终点"选项用于选择箭头位于线段的末端；"宽度"选项用于设定箭头宽度和线段宽度的比值；"长度"选项用于设定箭头长度和线段宽度的比值；"凹度"选项用于设定箭头凹凸的形状。

打开一幅图像，如图 3-109 所示。在图像中的星形中间绘制出不同效果带有箭头的线段，如图 3-110 所示。"图层"控制面板中的效果如图 3-111 所示。

图 3-108   图 3-109   图 3-110   图 3-111

5. 多边形工具

多边形工具可以用来绘制正多边形、星形等。下面，具体讲解多边形工具的使用方法和操作技巧。启用"多边形"工具 ，有以下几种方法。

选择"多边形"工具 ，或反复按 Shift+U 组合键，其属性栏状态如图 3-112 所示。多边形工具属性栏中的选项内容与矩形工具属性栏的选项内容类似，只多了一项"边"选项，用于设定多边形的边数。

图 3-112

打开一幅图像，如图 3-113 所示。在图像中的星形中间绘制出多边形，效果如图 3-114 所示。"图层"控制面板如图 3-115 所示。

图 3-113   图 3-114   图 3-115

3.2.5 【实战演练】制作购物卡

使用渐变工具制作背景底图。使用矩形工具和直线工具制作横条装饰图形。使用文字工具添加宣传文字。最终效果参看光盘中的"Ch03 > 效果 > 制作购物卡"，如图 3-116 所示。

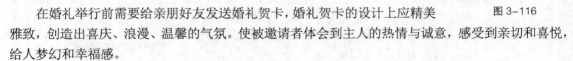

图 3-116

3.3 制作婚礼卡片

3.3.1 【案例分析】

在婚礼举行前需要给亲朋好友发送婚礼贺卡，婚礼贺卡的设计上应精美雅致，创造出喜庆、浪漫、温馨的气氛。使被邀请者体会到主人的热情与诚意，感受到亲切和喜悦，给人梦幻和幸福感。

3.3.2 【设计理念】

在设计制作上，通过粉红色的背景营造出幸福与甜美的氛围。心形的设计主体，寓意心心相印、永不分离的主题。卡通人物和图形的添加给人身处童话世界的感觉，洋溢着梦幻与温馨。最后通过文字烘托出请柬主题，展示温柔浪漫之感。最终效果参看光盘中的"Ch03 > 效果 > 制作婚礼卡片"，如图 3-117 所示。

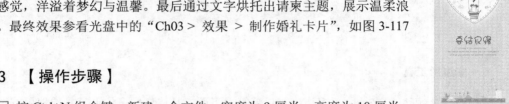

图 3-117

3.3.3 【操作步骤】

步骤 1 按 Ctrl+N 组合键，新建一个文件，宽度为 9 厘米，高度为 18 厘米，分辨率为 300 像素/英寸，颜色模式为 RGB，背景内容为白色，单击"确定"按钮。将前景色设为粉色（其 R、G、B 值分别为 255、197、197）。按 Alt+Delete 组合键，用前景色填充背景图层，效果如图 3-118 所示。

步骤 2 选择"滤镜 > 纹理 > 纹理化"命令，在弹出的对话框中进行设置，如图 3-119 所示，单击"确定"按钮，效果如图 3-120 所示。

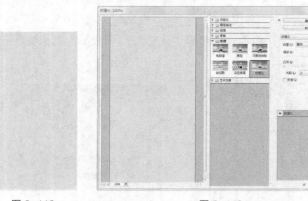

图 3-118   图 3-119   图 3-120

步骤 3 新建图层生成"图层 1"。将前景色设为淡粉色（其 R、G、B 值分别为 250、216、216）。选择"自定形状"工具，单击属性栏中的"形状"选项，弹出"形状"面板，单击面板右上方的 ▶ 按钮，在弹出的下拉菜单中选择"形状"选项，弹出提示对话框，单击"确定"按钮。在"形状"面板中选择需要的图形，如图 3-121 所示。单击属性栏中的"填充像素"按钮🔲，拖曳鼠标绘制一个图形，效果如图 3-122 所示。单击"背景"图层左侧的眼睛图标👁，将"背景"图层隐藏，如图 3-123 所示。

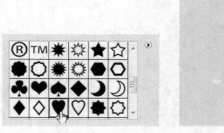

图 3-121　　　　　　图 3-122　　　　　　图 3-123

步骤 4 选择"矩形选框"工具🔲，在图像窗口中绘制矩形选区，如图 3-124 所示。选择"编辑 > 定义图案"命令，弹出"图案名称"对话框，设置如图 3-125 所示。单击"确定"按钮。按 Delete 键，删除选区中的图像。按 Ctrl+D 组合键，取消选区。单击"背景"图层左侧的空白图标▢，显示出隐藏的图层。

图 3-124　　　　　　　　　　　　　图 3-125

步骤 5 单击"图层"控制面板下方的"创建新的填充或调整图层"按钮⬤，在弹出的菜单中选择"图案"命令，弹出"图案填充"对话框，选项的设置如图 3-126 所示。单击"确定"按钮，效果如图 3-127 所示。

步骤 6 在"图层"控制面板上方，将"图案"图层的"不透明度"选项设为 50%，效果如图 3-128 所示。

步骤 7 按 Ctrl+O 组合键，打开光盘中的"Ch03 > 素材 > 制作婚礼卡片 > 01"文件。选择"移动"工具➤，将 01 图片拖曳到图像窗口中的适当位置并调整其大小，效果如图 3-129 所示，在"图层"控制面板中生成新的图层并将其命名为"边框"。在控制面板上方，将该图层的混合模式设为"滤色"，图像效果如图 3-130 所示。

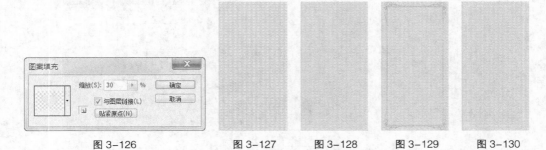

图 3-126　　　　　　图 3-127　　　　图 3-128　　　　图 3-129　　　　图 3-130

步骤 8 新建图层并将其命名为"心形"。将前景色设为白色。选择"钢笔"工具✏，在图像窗口中绘制一个心形图形，效果如图 3-132 所示。选择"编辑 > 描边"命令，弹出"描边"对话框，将描边颜色设为深棕色（其 R、G、B 值分别为 128、64、11），其他选项的设置如

图 3-132 所示，单击"确定"按钮，效果如图 3-133 所示。

图 3-131　　　　　　图 3-132　　　　　　图 3-133

步骤 9　单击"图层"控制面板下方的"添加图层样式"按钮 *fx.*，在弹出的菜单中选择"外发光"命令，弹出对话框，将发光颜色设置为粉色（其 R、G、B 值分别为 249、181、181），其它选项的设置如图 3-134 所示，单击"确定"按钮，效果如图 3-135 所示。

图 3-134　　　　　　　　　图 3-135

步骤 10　新建图层并将其命名为"心形 2"。选择"钢笔"工具，单击属性栏中的"路径"按钮，在图像窗口中绘制一个心形路径，如图 3-136 所示。将前景色设为深棕色（其 R、G、B 值分别为 128、64、11）。选择"画笔"工具，在属性栏中单击"画笔"选项右侧的按钮，在画笔选择面板中选择需要的画笔形状，如图 3-137 所示。单击属性栏中的"切换画板面板"按钮，弹出"画笔"控制面板，选择"画笔笔尖形状"选项，在弹出的相应面板中进行设置，如图 3-138 所示。

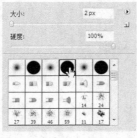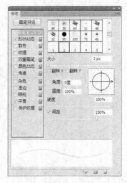

图 3-136　　　　　　图 3-137　　　　　　图 3-138

步骤 11　选择"路径选择"工具，选取路径，单击鼠标右键，在弹出的菜单中选择"描边路径"命令，弹出"路径描边"对话框，单击"确定"按钮。按 Enter 键，将路径隐藏，效果如图 3-139 所示。

步骤 12　按 Ctrl+O 组合键，打开光盘中的"Ch03 > 素材 > 制作婚礼卡片 > 02、03"文件。选择"移动"工具，将 02、03 图片分别拖曳到图像窗口中的适当位置并调整其大小，效果如图 3-140 所示，在"图层"控制面板中生成新的图层并将其分别命名为"装饰"和"卡通图"。

步骤 13　按 Ctrl+O 组合键，打开光盘中的"Ch03 > 素材 > 制作婚礼卡片 > 04、05"文件。选择"移动"工具，将 04、05 图片分别拖曳到图像窗口中适当的位置并调整其大小，效果如图 3-141 所示，在"图层"控制面板中生成新的图层并将其分别命名为"花"和"街道"。

图 3-139　　　　　　　　图 3-140　　　　　　　　图 3-141

步骤 14　在"图层"控制面板的上方，将"街道"图层的混合模式设为"明度"，如图 3-142 所示，图像效果如图 3-143 所示。

图 3-142　　　　　　　　图 3-143

步骤 15　将前景色设为红色（其 R、G、B 的值分别为 225、0、0）。选择"横排文字"工具，在适当的位置输入需要的文字，选取文字，在属性栏中选择合适的字体并设置文字大小，效果如图 3-144 所示，在"图层"控制面板中生成新的文字图层。

步骤 16　单击"图层"控制面板下方的"添加图层样式"按钮，在弹出的菜单中选择"投影"命令，在弹出的对话框中进行设置，如图 3-145 所示，单击"确定"按钮，效果如图 3-146 所示。

图 3-144

步骤 17　选择"横排文字"工具，在适当的位置输入需要的文字，选取文字在属性栏中选择合适的字体并设置文字大小，按 Alt 键+向上或向下方向键，调整文字行距，在"图层"控制面板中生成新的文字图层。选择"移动"工具，取消文字选取状态，效果如图 3-147 所示。婚礼卡片制作完成，效果如图 3-148 所示。

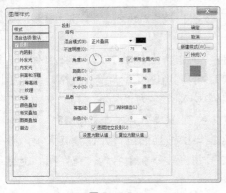

图 3-145　　　　　　　图 3-146　　　　　图 3-147　　　　　图 3-148

3.3.4 【相关工具】

1. 定义图案

在图像上绘制出要定义为图案的选区，隐藏背景图层，如图 3-149 所示。选择"编辑 > 定义图案"命令，弹出"图案名称"对话框，如图 3-150 所示。单击"确定"按钮，图案定义完成。删除选区中的内容，显示背景图层，按 Ctrl+D 组合键取消选区。

图 3-149　　　　　　　　　　　　　图 3-150

选择"编辑 > 填充"命令，弹出"填充"对话框，单击"自定图案"，在弹出的面板中选择新定义的图案，如图 3-151 所示。单击"确定"按钮，图案填充的效果如图 3-152 所示。

在"填充"对话框的"模式"下拉列表中选择不同的填充模式，如图 3-153 所示。单击"确定"按钮，填充的效果如图 3-154 所示。

图 3-151

图 3-152　　　　　　　　　图 3-153　　　　　　　　　图 3-154

2. 描边命令

选择"编辑 > 描边"命令，弹出"描边"对话框，如图 3-155 所示。

描边：用于设定边线的宽度和边线的颜色。

位置：用于设定所描边线相对于区域边缘的位置，包括内部、居中和居外 3 个选项。

混合：用于设置描边模式和不透明度。

选中要描边的图片并载入选区，效果如图 3-156 所示。选择"编辑 > 描边"命令，弹出"描边"对话框，如图 3-157 所示，在对话框中进行设置，单击"确定"按钮。按 Ctrl+D 组合键取消选区，图形的描边效果如图 3-158 所示。

图 3-155

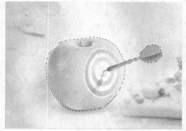

图 3-156

图 3-157

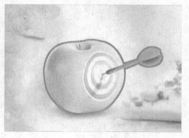

图 3-158

3. 填充图层

当需要新建填充图层时，选择"图层 > 新建填充图层"命令，或单击"图层"控制面板下方的"创建新的填充和调整图层"按钮 ，弹出填充图层的 3 种方式，如图 3-159 所示。选择其中的一种方式，将弹出"新建图层"对话框，如图 3-160 所示。单击"确定"按钮，将根据选择的填充方式弹出相应的填充对话框。以"渐变填充"为例，如图 3-161 所示，单击"确定"按钮，"图层"控制面板和图像的效果分别如图 3-162 和图 3-163 所示。

图 3-159

图 3-160

图 3-161

图 3-162

图 3-163

中等职业教育数字艺术类规划教材

4. 显示和隐藏图层

单击"图层"控制面板中的任意一个图层左侧的眼睛图标 👁 即可隐藏该图层。隐藏图层后，单击左侧的空白图标 ☐ 即可显示隐藏的图层。

按住 Alt 键的同时，单击"图层"控制面板中的任意一个图层左侧的眼睛图标 👁，此时，"图层"控制面板中将只显示这个图层，其他图层被隐藏。

3.3.5 【实战演练】制作儿童季度卡

使用定义图案命令定义背景图案，使用图案填充命令填充图案。使用圆角矩形工具绘制装饰图形。使用文本工具添加文字内容。使用添加图层样式命令和描边命令制作标题文字效果。最终效果参看光盘中的"Ch03 > 效果 > 制作儿童季度卡"，如图 3-164 所示。

图 3-164

3.4 综合演练——制作旅游贺卡

3.4.1 【案例分析】

旅游贺卡是现代人出门旅行为朋友和家人传递快乐和祝福的一种方式，受到很多年轻人的喜爱和追捧，本例要求卡片设计具有旅游特色，并且表现旅游的欢快和喜悦。

3.4.2 【设计理念】

在设计制作上，蓝色渐变的冬日景观表现了旅游的欢乐感觉，白色的云雾之间是各种旅游名胜景地的标志性建筑在画面中一一陈列，丰富全面，使人印象深刻，文字使用直排的形式，独具特色，红色的文字与背景搭配相互映衬，增添了画面的美感。

3.4.3 【知识要点】

使用添加图层样式命令制作背景效果。使用文字工具添加宣传文字。使用添加图层样式命令和椭圆形工具制作标题文字效果。使用钢笔工具绘制装饰图形。最终效果参看光盘中的"Ch03 > 效果 > 制作旅游贺卡"，如图 3-165 所示。

图 3-165

3.5　综合演练——制作春节贺卡

3.5.1　【案例分析】

春节是中国的传统节日，也是中国人最重视和团圆的佳节，所以春节贺卡也是节日祝福的一个重要方式，本例要求在设计过程中体现中国传统节日的特色。

3.5.2　【设计理念】

在设计制作上，使用红色作为卡片的设计主体，使用金色的边框及具有中国特色的传统纹样，搭配在下方踏在牡丹花上的一匹骏马，象征马年吉祥、富贵荣华的寓意，文字设计也独具传统特色，使卡片整体简洁大气，具有中国特色。

3.5.3　【知识要点】

使用添加图层样式命令制作马图形效果。使用文本工具添加文字。使用椭圆工具和直线工具绘制装饰图形。最终效果参看光盘中的"Ch03 > 效果 > 制作春节贺卡"，如图 3-166 所示。

图 3-166

第4章 照片模板设计

使用照片模板可以为照片快速添加图案、文字和特效。照片模板主要用于日常照片的美化处理或影楼的后期设计。本章以制作多个主题的照片模板为例，介绍照片模板的设计方法和制作技巧。

 课堂学习目标

- 掌握照片模板的设计思路和设计手法
- 掌握照片模板的制作方法和技巧

4.1 制作多彩童年照片模板

4.1.1 【案例分析】

童年照片承载着许多温馨甜蜜的记忆，所以许多家长都希望为自己的孩子制作一个漂亮又具有特色的照片，本例是制作多彩童年照片模板，要求表现出儿童的纯真可爱。

4.1.2 【设计理念】

在设计制作过程中，使用梦幻的色彩、绚丽的彩虹、色彩斑斓翩翩飞舞的蝴蝶作为背景，可爱孩子的天使面庞以花朵的图形出现，旁边配以儿歌，展现出活泼的氛围。整幅画面搭配适当，温馨可爱。最终效果参看光盘中的"Ch04 ＞ 效果 ＞ 制作多彩童年照片模板"，如图4-1所示。

图 4-1

4.1.3 【操作步骤】

1. 制作背景效果

步骤 1 按 Ctrl+O 组合键，打开光盘中的"Ch04 ＞ 素材 ＞ 制作多彩童年照片模板 ＞ 01"文件，效果如图 4-2 所示。

步骤 2 在"图层"控制面板中，将"背景"图层拖曳到控制面板下方的"创建新图层"按钮 上进行复制，生成新的图层"背景 副本"。

步骤 **3** 选择"滤镜 > 模糊 > 高斯模糊"命令,在弹出的对话框中进行设置,如图 4-3 所示,
单击"确定"按钮,效果如图 4-4 所示。

 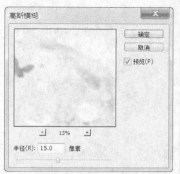 

图 4-2   图 4-3   图 4-4

步骤 **4** 在"图层"控制面板上方,将该图层的混合模式设为"正片叠底",如图 4-5 所示,图
像效果如图 4-6 所示。

图 4-5   图 4-6

2. 编辑图片效果并添加文字

步骤 **1** 新建图层并将其命名为"图形"。将前景色设为黑色。选择"钢笔"工具 ,选中属性
栏中的"路径"按钮 ,拖曳鼠标绘制路径,如图 4-7 所示。按 Ctrl+Enter 组合键,将路径
转换为选区。按 Alt+Delete 组合键,用前景色填充选区。按 Ctrl+D 组合键,取消选区,效果
如图 4-8 所示。

 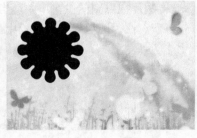

图 4-7   图 4-8

步骤 **2** 按 Ctrl+O 组合键,打开光盘中的"Ch04 > 素材 > 制作多彩童年照片模板 > 02"文件,
选择"移动"工具 ,将图片拖曳到图像窗口中适当的位置,如图 4-9 所示。在"图层"控
制面板中生成新图层并将其命名为"照片 1"。按 Ctrl+Alt+G 组合键,为"照片 1"图层创建

剪贴蒙版，效果如图 4-10 所示。

图 4-9

图 4-10

步骤 3 用相同的方法制作其他图片效果，如图 4-11 所示。按 Ctrl+O 组合键，打开光盘中的 "Ch04 > 素材 > 制作多彩童年照片模板 > 04" 文件，选择"移动"工具 ▶⊕，将图片拖曳到图像窗口中适当的位置，如图 4-12 所示。在"图层"控制面板中生成新图层并将其命名为"文字 1"。

图 4-11

图 4-12

步骤 4 单击"图层"控制面板下方的"添加图层样式"按钮 _fx_，在弹出的菜单中选择"描边"命令，弹出对话框，将描边颜色设为白色，其他选项的设置如图 4-13 所示，单击"确定"按钮，效果如图 4-14 所示。

步骤 5 按 Ctrl+O 组合键，打开光盘中的"Ch04 > 素材 > 制作多彩童年照片模板 > 05"文件，选择"移动"工具 ▶⊕，将图片拖曳到图像窗口中适当的位置，如图 4-15 所示。在"图层"控制面板中生成新图层并将其命名为"文字 2"。多彩童年照片模板制作完成。

图 4-13

图 4-14

图 4-15

4.1.4 【相关工具】

1. 修补工具

修补工具可以用图像中的其他区域来修补当前选中的需要修补的区域，也可以使用图案来修补需要修补的区域。选择"修补"工具，或反复按 Shift+J 组合键，其属性栏状态如图 4-16 所示。

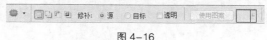

图 4-16

为选择修补选区方式的选项：新选区可以去除旧选区，绘制新选区；添加到选区可以在原有选区的基础上再增加新的选区；从选区减去可以在原有选区的基础上减去新选区的部分；与选区交叉可以选择新旧选区重叠的部分。

使用修补工具：打开一幅图像，用"修补"工具圈选图像中的球，如图 4-17 所示。选择修补工具属性栏中的"源"选项，在圈选的球中单击并按住鼠标左键，拖曳鼠标将选区放置到需要的位置，效果如图 4-18 所示。松开鼠标左键，选中的球被新放置的选取位置的图像所修补，效果如图 4-19 所示。按 Ctrl+D 组合键，取消选区，修补的效果如图 4-20 所示。

图 4-17 　　　　　　图 4-18

图 4-19 　　　　　　图 4-20

选择修补工具属性栏中的"目标"选项，用"修补"工具圈选图像中的区域，效果如图 4-21 所示。再将选区拖曳到要修补的图像区域，效果如图 4-22 所示。圈选图像中的区域修补了图像中的球，如图 4-23 所示。按 Ctrl+D 组合键，取消选区，修补效果如图 4-24 所示。

图 4-21　　　　　　图 4-22

图 4-23　　　　　　　　　　　图 4-24

2. 仿制图章工具

选择"仿制图章"工具 ，或反复按 Shift+S 组合键，其属性栏状态如图 4-25 所示。

图 4-25

使用仿制图章工具：选择"仿制图章"工具 ，将其拖曳到图像中需要复制的位置，按住 Alt 键，鼠标指针由仿制图章图标变为圆形十字图标 ，如图 4-26 所示，单击鼠标左键，定下取样点，松开鼠标左键，在合适的位置单击并按住鼠标左键，拖曳鼠标复制出取样点及其周围的图像，效果如图 4-27 所示。

图 4-26　　　　　　　　　　　图 4-27

"画笔预设"选取器：用于选择画笔。

切换画笔面板 ：单击可打开"画笔"控制面板。

切换仿制源面板 ：单击可打开"仿制源"控制面板。

"模式"选项：用于选择混合模式。

"不透明度"选项：用于设定不透明度。

"流量"选项：用于设定扩散的速度。

"对齐"选项：用于控制在复制时是否使用对齐功能。

"样本"选项：用来在选中的图层中进行像素取样。它有 3 种不同的样本类型，即"当前图层"、"当前和下方图层"和"所有图层"。

3. 红眼工具

红眼工具可修补用闪光灯拍摄的人物照片中的红眼。启用"红眼"工具 ，有以下两种方法。

选择"红眼"工具 ，或反复按 Shift+J 组合键，其属性栏状态如图 4-28 所示。

瞳孔大小: 50%　　变暗量: 50%

图 4-28

“瞳孔大小”选项用于设置瞳孔的大小；“变暗量”选项用于设置瞳孔的暗度。

打开一幅人物照片，如图 4-29 所示，选择“红眼”工具，在属性栏中进行设置，如图 4-30 所示。在照片中瞳孔的位置单击，如图 4-31 所示。去除照片中的红眼，效果如图 4-32 所示。

图 4-29

图 4-30

图 4-31

图 4-32

4．模糊滤镜

“模糊”滤镜可以使图像中过于清晰或对比度过于强烈的区域产生模糊效果。此外，也可用于制作柔和阴影。“模糊”滤镜组中各种滤镜效果如图 4-33 所示。

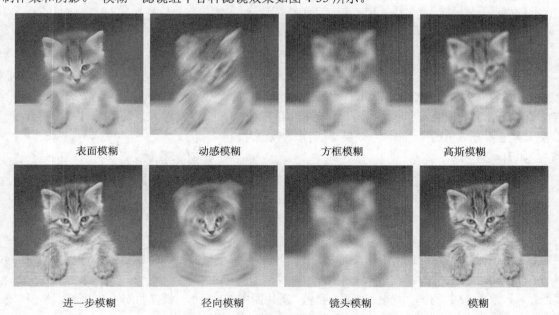

表面模糊　　动感模糊　　方框模糊　　高斯模糊

进一步模糊　　径向模糊　　镜头模糊　　模糊

图 4-33

| 平均 | 特殊模糊 | 形状模糊 |

图 4-33（续）

4.1.5 【实战演练】制作大头贴模板

使用仿制图章工具修补照片。使用高斯模糊命令和剪贴蒙版命令制作照片效果。最终效果参看光盘中的"Ch04 > 效果 > 制作大头贴模板"，如图 4-34 所示。

图 4-34

4.2 制作人物照片模板

4.2.1 【案例分析】

本案例是为摄影公司制作的人物照片模板，摄影公司的照片模板要求具有艺术效果，并且制作出时尚复古的感觉。

4.2.2 【设计理念】

在设计制作过程中，首先将照片进行处理，使其去色发黄，形成复古的老照片感觉，昏黄的光线配上少女纯净的笑容，以及艺术处理的文字，使画面具有故事性和艺术感。最终效果参看光盘中的"Ch04 > 效果 > 制作人物照片模板"，如图 4-35 所示。

图 4-35

4.2.3 【操作步骤】

1. 抠出人物图像

步骤 1 按 Ctrl+O 组合键，打开光盘中的"Ch04 > 素材 > 制作人物照片模板 > 01、02"文件，效果如图 4-36、图 4-37 所示。

步骤 2 双击 02 素材的"背景"图层，弹出"新建图层"对话框，设置如图 4-38 所示，单击"确定"按钮，将"背景"图层转换为普通图层，效果如图 4-39 所示。

图 4-36

图 4-37

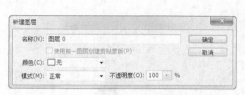

图 4-38

图 4-39

步骤 3 选择"自由钢笔"工具 ，在属性栏中勾选"磁性的"复选框，在图像窗口中勾出人物图形，如图 4-40 所示。按 Ctrl+Enter 组合键，将路径转换为选区，如图 4-41 所示。

步骤 4 选择"移动"工具 ，拖曳选区中的人物到背景图像窗口中，在"图层"控制面板中生成新的图层并将其命名为"人物图片"。按 Ctrl+T 组合键，图像周围出现控制手柄，调整图像的大小，按 Enter 键确定操作，效果如图 4-42 所示。

图 4-40

图 4-41

图 4-42

2. 调整图片颜色

步骤 1 选择"橡皮擦"工具 ，在属性栏中单击"画笔"选项右侧的按钮 ，弹出画笔选择面板，在画笔选择面板中选择需要的画笔形状，如图 4-43 所示。在人物头发左下方的边缘进行涂抹，擦除不需要的图像，效果如图 4-44 所示。

步骤 2 按 Ctrl+O 组合键，打开光盘中的"Ch11 > 素材 > 制作人物照片模板 >03"文件，选择"移动"工具 ，拖曳文字到图像窗口中适当的位置，如图 4-45 所示，在"图层"控制面板中生成新的图层并将其命名为"文字"。

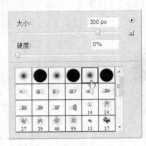

图 4-43

图 4-44

图 4-45

步骤 3 单击"图层"控制面板下方的"创建新的填充或调整图层"按钮 ，在弹出的菜单中选择"色相/饱和度"命令，在"图层"控制面板中生成"色相/饱和度 1"图层，同时在弹出的"色相/饱和度"面板中进行设置，如图 4-46 所示，单击"确定"按钮，效果如图 4-47所示。人物照片模板制作完成。

图 4-46

图 4-47

4.2.4 【相关工具】

1. 亮度/对比度

选择"亮度/对比度"命令，弹出"亮度/对比度"对话框，如图 4-48 所示。在对话框中，可以通过拖曳亮度和对比度滑块来调整图像的亮度和对比度，"亮度/对比度"命令调整的是整个图像的色彩。

打开一幅图像，如图 4-49 所示。设置图像的亮度/对比度，如图 4-50 所示，单击"确定"按钮，效果如图 4-51 所示。

图 4-48

图 4-49

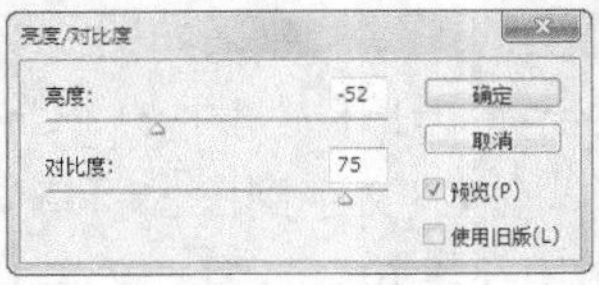

图 4-50

图 4-51

2. 色相/饱和度

"色相/饱和度"命令，可以调节图像的色相和饱和度。选择"色相/饱和度"命令，或按 Ctrl+U 组合键，弹出"色相/饱和度"对话框，如图 4-52 所示。

在对话框中，"全图"选项用于选择要调整的色彩范围，可以通过拖曳各项中的滑块来调整图像的色彩、饱和度和明度；"着色"选项用于在由灰度模式转化而来的色彩模式图像中填加需要的颜色。

选中"着色"选项的复选框，调整"色相/饱和度"对话框，如图 4-53 所示设定，图像效果如图 4-54 所示。

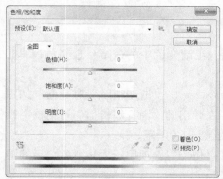

图 4-52　　　　　　　　　　图 4-53　　　　　　　　　　图 4-54

在"色相/饱和度"对话框中的"全图"选项中选择"蓝色"，拖曳两条色带间的滑块，使图像的色彩更符合要求，设置如图 4-55 所示，单击"确定"按钮，图像效果如图 4-56 所示。

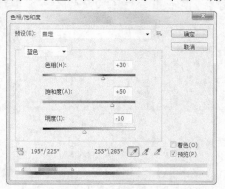

图 4-55　　　　　　　　　　　　图 4-56

3. 通道混合器

"通道混合器"命令用于调整图像通道中的颜色。选择"通道混合器"命令，弹出"通道混合器"对话框，如图 4-57 所示。在"通道混合器"对话框中，"输出通道"选项可以选取要修改的通道；"源通道"选项组可以通过拖曳滑块来调整图像；"常数"选项也可以通过拖曳滑块调整图像；"单色"选项可创建灰度模式的图像。

在"通道混合器"对话框中进行设置，如图 4-58 所示，图像效果如图 4-59 所示。所选图像的色彩模式不同，则"通道混合器"对话框中的内容也不同。

图 4-57   图 4-58   图 4-59

4. 渐变映射

"渐变映射"命令用于将图像的最暗和最亮色调映射为一组渐变色中的最暗和最亮色调。下面，将进行具体的讲解。

打开一幅图像，如图 4-60 所示，选择"渐变映射"命令，弹出"渐变映射"对话框，如图 4-61 所示。单击"灰度映射所用的渐变"选项下方的色带，在弹出的"渐变编辑器"对话框中设置渐变色，如图 4-62 所示，单击"确定"按钮，图像效果如图 4-63 所示。

"灰度映射所用的渐变"选项可以选择不同的渐变形式；"仿色"选项用于为转变色阶后的图像增加仿色；"反向"选项用于将转变色阶后的图像颜色反转。

图 4-60   图 4-61   图 4-62   图 4-63

5. 图层的混合模式

图层的混合模式命令用于为图层添加不同的模式，使图层产生不同的效果。在"图层"控制面板中，"设置图层的混合模式"选项 正常 用于设定图层的混合模式，它包含 24 种模式。

打开一幅图像，如图 4-64 所示，"图层"控制面板中的效果如图 4-65 所示。

图 4-64   图 4-65

在对"人物"图层应用不同的图层模式后，图像效果如图 4-66 所示。

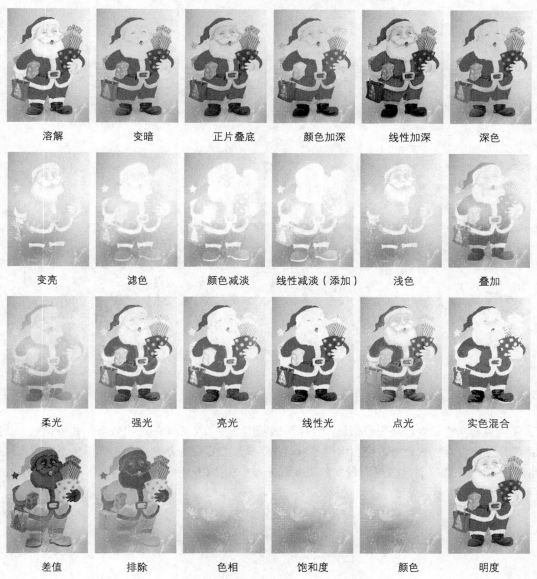

| 溶解 | 变暗 | 正片叠底 | 颜色加深 | 线性加深 | 深色 |

| 变亮 | 滤色 | 颜色减淡 | 线性减淡（添加） | 浅色 | 叠加 |

| 柔光 | 强光 | 亮光 | 线性光 | 点光 | 实色混合 |

| 差值 | 排除 | 色相 | 饱和度 | 颜色 | 明度 |

图 4-66

6. 调整图层

当需要对一个或多个图层进行色彩调整时，选择"图层 > 新建调整图层"命令，或单击"图层"控制面板下方的"创建新的填充或调整图层"按钮 ⬜·，弹出调整图层的多种方式，如图 4-67 所示。选择其中的一种方式，将弹出"新建图层"对话框，如图 4-68 所示。

选择不同的调整方式，将弹出不同的调整对话框，以调整"色彩平衡"为例，如图 4-69 所示。在对话框中进行设置，"图层"控制面板和图像的效果分别如图 4-70 和图 4-71 所示。

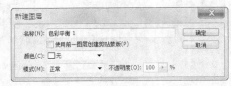

图 4-67　　　　　　　　　　　　　　图 4-68

图 4-69　　　　　　　图 4-70　　　　　　　图 4-71

4.2.5 　【实战演练】制作温馨时刻照片模板

使用色彩平衡命令调整图像颜色；使用不透明度命令改变图像的透明效果；使用钢笔工具绘制路径。使用混合模式命令改变图像的显示效果；使用投影命令添加白色矩形黑色投影效果；使用羽化命令制作选区羽化效果。最终效果参看光盘中的"Ch04 > 效果 > 制作温馨时刻照片模板"，如图 4-72 所示。

图 4-72

4.3 制作幸福相伴照片模板

4.3.1 　【案例分析】

本案例是为个人制作的生活写真照片模板，要求通过对普通生活照片的艺术处理体现轻松快

乐、幸福温馨的生活氛围。

4.3.2 【设计理念】

在设计制作过程中，蓝色的背景显出神秘浪漫的感觉，将情侣合照去色加工，与前面女性形成对比，制作出虚实交错，梦幻般的浪漫氛围，画面的细节处理具有特色，精细漂亮，体现出温馨幸福的感觉。最终效果参看光盘中的"Ch04 > 效果 > 制作幸福相伴照片模板"，如图 4-73 所示。

图 4-73

4.3.3 【操作步骤】

1.制作背景效果

步骤 1 按 Ctrl+N 组合键，新建一个文件，宽度为 29.7cm，高度为 21cm，分辨率为 150 像素/英寸，颜色模式为 RGB，背景内容为白色，单击"确定"按钮。将前景色设为墨蓝色（其 R、G、B 值分别为 4、98、106），按 Alt+Delete 组合键，用前景色填充"背景"图层，效果如图 4-74 所示。

步骤 2 将"背景"图层拖曳到控制面板下方的"创建新图层"按钮 ⬚ 上进行复制，生成新的副本图层并将其命名为"背景点状化"。选择"滤镜 > 像素化 > 点状化"命令，在弹出的对话框中进行设置，如图 4-75 所示，单击"确定"按钮，效果如图 4-76 所示。

图 4-74

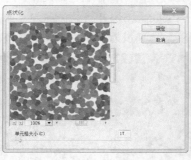

图 4-75

图 4-76

步骤 3 在"图层"控制面板上方，将"背景点状化"图层的"不透明度"选项设为 50%，将混合模式选项设为"浅色"，如图 4-77 所示，图像窗口中的效果如图 4-78 所示。

图 4-77　　　　　　　　　　图 4-78

步骤 4　按 Ctrl+O 组合键，打开光盘中的"Ch04 > 素材 > 制作幸福相伴照片模板 > 01"文件，选择"移动"工具，将 01 图片拖曳到图像窗口的适当位置，并调整其大小，效果如图 4-79 所示，在"图层"控制面板中生成新图层并将其命名为"人物"。

步骤 5　在"图层"控制面板上方，将"人物"图层的"不透明度"选项设为 80%，将混合模式选项设为"变暗"，图像窗口中的效果如图 4-80 所示。

步骤 6　单击"图层"控制面板下方的"添加图层蒙版"按钮，为人物图层添加蒙版。选择"渐变"工具，单击属性栏中的"点按可编辑渐变"按钮，弹出"渐变编辑器"对话框，将渐变色设为从黑色到白色，单击"确定"按钮。在图形上由下至上拖曳渐变色，松开鼠标后的效果如图 4-81 所示。

图 4-79　　　　　　　　图 4-80　　　　　　　　图 4-81

步骤 7　按 Ctrl+O 组合键，打开光盘中的"Ch04 > 素材 > 制作幸福相伴照片模板 > 02"文件，选择"移动"工具，将 02 图片拖曳到图像窗口的适当位置，并调整其大小，效果如图 4-82 所示，在"图层"控制面板中生成新图层并将其命名为"箭头"。在"图层"控制面板上方，将"箭头"图层的"不透明度"选项设为 70%，效果如图 4-83 所示。

图 4-82　　　　　　　　　　图 4-83

2.添加文字效果

步骤 1　单击"图层"控制面板下方的"创建新组"按钮，生成新的图层组并将其命名为

"文字"。选择"横排文字"工具 [T]，在属性栏中选择合适的字体并设置大小，分别输入需要的文字，选取文字，并分别调整其字体、大小及颜色，文字效果如图 4-84 所示。在控制面板中分别生成新的文字图层。

图 4-84

步骤 [2] 单击"图层"控制面板下方的"添加图层样式"按钮 fx，在弹出的菜单中选择"投影"命令，在弹出的对话框中进行设置，如图 4-85 所示，单击"确定"按钮，效果如图 4-86 所示。

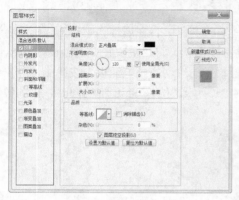

图 4-85

图 4-86

步骤 [3] 新建图层并将其命名为"箭头 2"。将前景色设为白色，选择"自定形状"工具 ，单击"形状"选项右侧的按钮 ，弹出形状面板，在面板中选择需要的形状，如图 4-87 所示。选中属性栏中的"填充像素"按钮 ，绘制图形，如图 4-88 所示。

步骤 [4] 选择"箭头 2"图层，重复按 Ctrl+J 组合键，分别生成新的副本图层，选择"移动"工具 ，分别将箭头副本拖曳到图像窗口的适当位置，效果如图 4-89 所示。在"图层"控制面板上方，分别将副本图层的"不透明度"选项设为 80%、50%、20%，图像效果如图 4-90 所示。

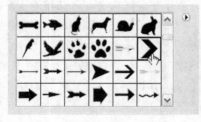

图 4-87

图 4-88

图 4-89

图 4-90

步骤 [5] 按 Ctrl 键，选择"箭头 2"图层及所有箭头 2 副本图层，如图 4-91 所示，将其拖曳到控制面板下方的"创建新图层"按钮 上进行复制，生成新的副本图层。按 Ctrl+E 组合键，合并图层并将其命名为"箭头 3"。在图像窗口中拖曳到适当的位置，如图 4-92 所示。按 Ctrl+T 组合键，在图像周围出现变换框，单击鼠标右键，在弹出的菜单中选择"水平翻转"命令，翻转图像，按 Enter 键确认操作，效果如图 4-93 所示。

图 4-91

图 4-92

图 4-93

步骤 6 新建图层并将其命名为"虚线"。选择"画笔"工具 ，在属性栏中单击"画笔"选项右侧的按钮·，在弹出的画笔面板中选择需要的画笔形状，将"主直径"选项设为 5px，"硬度"选项设为 100%，如图 4-94 所示。单击属性栏中的"切换画笔面板"按钮 ，弹出"画笔"控制面板，设置"间距"为 100%，如图 4-95 所示。按住 Shift 键的同时，在图像窗口中单击鼠标绘制图像，效果如图 4-96 所示。

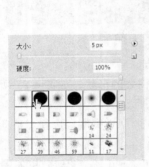

图 4-94

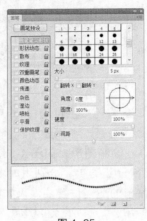

图 4-95

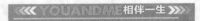

图 4-96

步骤 7 选择"横排文字"工具 T，在属性栏中选择合适的字体并设置大小，分别输入需要的文字，选取文字，并调整其字体及大小，文字效果如图 4-97 所示。在控制面板中分别生成新的文字图层。单击"文字"图层组左侧的 按钮，隐藏图层内容。

步骤 8 按 Ctrl+O 组合键，打开光盘中的"Ch04 > 素材 > 制作幸福相伴照片模板 > 03"文件，选择"移动"工具 ，将 03 图片拖曳到图像窗口的适当位置，并调整其大小，效果如图 4-98 所示，在"图层"控制面板中生成新图层并将其命名为"人物 2"。

图 4-97

图 4-98

步骤 9 单击"图层"控制面板下方的"添加图层样式"按钮 ，在弹出的菜单中选择"外

发光"命令，弹出对话框，将发光颜色设为墨绿色（其 R、G、B 的值分别为 1、78、70），
其他选项的设置如图 4-99 所示。单击"确定"按钮，图像效果如图 4-100 所示。

步骤 10 将"人物 2"图层拖曳到控制面板下方的"创建新图层"按钮 上进行复制，生成新
的副本图层，并将其拖曳到人物 2 图层的下方，命名为"人物 2 投影"。在图层上单击鼠标
右键，在弹出的菜单中选择"清除图层样式"。在控制面板上方，将"人物 2 投影"图层的
"不透明度"选项设为 80%，如图 4-101 所示。

步骤 11 按 Ctrl+T 组合键，在图像周围出现变换框，单击鼠标右键，在弹出的菜单中选择"垂
直翻转"命令，翻转图像，按 Enter 键确认操作，将其拖曳到适当位置，如图 4-102 所示。

图 4-99　　　　　　　　图 4-100　　　　　　图 4-101　　　　　　图 4-102

步骤 12 单击"图层"控制面板下方的"添加图层蒙版"按钮 ，为人物投影图层添加蒙版，
如图 4-103 所示。选择"渐变"工具 ，单击属性栏中的"点按可编辑渐变"按钮 ，
弹出"渐变编辑器"对话框，将渐变色设为从黑色到白色，单击"确定"按钮。选中图层蒙
板缩览图，在图形上由下至上拖曳渐变色，松开鼠标后，图层面板如图 4-104 所示，图像效
果如图 4-105 所示。

图 4-103　　　　　　　　图 4-104　　　　　　　　图 4-105

步骤 13 新建图层并将其命名为"心形"。选择"自定形状"工具 ，单击"形状"选项右侧的
按钮 ，弹出形状面板，在形状面板中选择需要的形状，如图 4-106 所示。选中属性栏中的
"填充像素"按钮 ，绘制图形，并调整其角度，效果如图 4-107 所示。

步骤 14 在"图层"控制面板上方，将"心形"图层的"填充"选项设为 0%，如图 4-108 所示。
单击"图层"控制面板下方的"添加图层样式"按钮 ，在弹出的菜单中选择"外发光"
命令，弹出对话框，将发光颜色设为白色，其他选项的设置如图 4-109 所示。

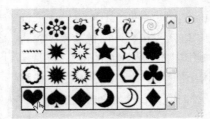

图 4-106

图 4-107

图 4-108

图 4-109

步骤 15 选择"内发光"选项，切换到相应的对话框，将发光颜色设为白色，选项的设置如图 4-110 所示。单击"确定"按钮，效果如图 4-111 所示。

步骤 16 新建图层并将其命名为"高光"。选择"自定形状"工具，单击"形状"选项右侧的按钮，弹出形状面板，在形状面板中选择需要的形状，如图 4-112 所示，选中属性栏中的"路径"按钮，绘制路径图形，并调整其角度，如图 4-113 所示。

图 4-110

图 4-111

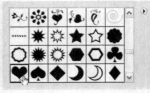

图 4-112

图 4-113

步骤 17 按 Ctrl+Enter 组合键，将路径转换为选区。按 Shift+F6 组合键，弹出"羽化选区"对话框，选项的设置如图 4-114 所示，单击"确定"按钮，填充为白色，取消选区后，效果如图 4-115 所示。

图 4-114

图 4-115

步骤 18　单击"图层"控制面板下方的"添加图层蒙版"按钮 ，为"高光"图层添加蒙版，如图 4-116 所示，将前景色设为黑色。选择"画笔"工具 ✐，在属性栏中单击"画笔"选项右侧的按钮·，在弹出的面板中选择需要的画笔形状，将"大小"选项设为 200px，如图 4-117 所示，

步骤 19　在图像窗口中拖曳鼠标擦除不需要的图像，效果如图 4-118 所示。按 Ctrl+O 组合键，打开光盘中的"Ch04＞素材＞制作幸福相伴照片模板＞04"文件，选择"移动"工具 ▸╋，将 04 图片拖曳到图像窗口的适当位置，并调整其大小，效果如图 4-119 所示。在"图层"控制面板中生成新图层并将其命名为"花边"。幸福相伴照片模板效果制作完成。

图 4-116

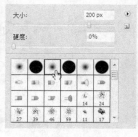
图 4-117

图 4-118

图 4-119

4.3.4　【相关工具】

1. 图像的色彩模式

　　Photoshop CS5 提供了多种色彩模式，这些色彩模式正是作品能够在屏幕和印刷品上成功表现的重要保障。在这些色彩模式中，经常使用到的有 CMYK 模式、RGB 模式、Lab 模式以及 HSB 模式。另外，还有索引模式、灰度模式、位图模式、双色调模式、多通道模式等。这些模式都可以在模式菜单下选取，每种色彩模式都有不同的色域，并且各个模式之间可以互相转换。下面，将介绍主要的色彩模式。

◎　CMYK 模式

　　CMYK 代表了印刷上用的 4 种油墨色：C 代表青色，M 代表洋红色，Y 代表黄色，K 代表黑色。CMYK 颜色控制面板如图 4-120 所示。

　　CMYK 模式在印刷时应用了色彩学中的减法混合原理，即减色色彩模式，它是图片、插图和其他 Photoshop CS5 作品中最常用的一种印刷方式。这是因为在印刷中通常都要进行四色分色，出四色胶片，然后再进行印刷。

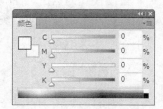
图 4-120

◎　RGB 模式

　　与 CMYK 模式不同的是，RGB 模式是一种加色模式，它通过红、绿、蓝 3 种色光相叠加而形成更多的颜色。RGB 是色光的彩色模式，一幅 24bit 的 RGB 模式图像有 3 个色彩信息的通道：红色（R）、绿色（G）和蓝色（B）。RGB 颜色控制面板如图 4-121 所示。

　　每个通道都有 8 bit 的色彩信息，即一个 0 ～ 255 的亮度值色域。也就是说，每一种色彩都有 256 个亮度水平级。3 种色彩相叠加，可以有 256×256×256=1670 万种可能的颜色。这 1670 万种颜色足以表现出绚丽多彩的世界。在 Photoshop CS5 中编辑图像时，RGB 色彩模式应是最佳的选择。

中等职业教育数字艺术类规划教材

◎ 灰度模式

灰度模式，每个像素用 8 个二进制位表示，能产生 2 的 8 次方即 256 级灰色调。当一个彩色文件被转换为灰度模式文件时，所有的颜色信息都将从文件中丢失。尽管 Photoshop CS5 允许将一个灰度文件转换为彩色模式文件，但不可能将原来的颜色完全还原。所以，当要转换为灰度模式时，应先做好图像的备份。

像黑白照片一样，一个灰度模式的图像只有明暗值，没有色相和饱和度这两种颜色信息。0% 代表白，100% 代表黑。其中的 K 值用于衡量黑色油墨用量。颜色控制面板如图 4-122 所示。将彩色模式转换为双色调模式或位图模式时，必须先转换为灰度模式，然后由灰度模式转换为双色调模式或位图模式。

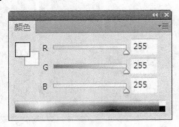
图 4-121

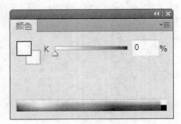
图 4-122

◎ Lab 模式

Lab 是 Photoshop CS5 中的一种国际色彩标准模式，它由 3 个通道组成：一个通道是透明度，即 L；其他两个是色彩通道，即色相和饱和度，用 a 和 b 表示。a 通道包括的颜色值从深绿到灰，再到亮粉红色；b 通道是从亮蓝色到灰，再到焦黄色。这种颜色混合后将产生明亮的色彩。

◎ 索引模式

在索引颜色模式下，最多只能存储一个 8 位色彩深度的文件，即最多 256 种颜色。这 256 种颜色存储在可以查看的色彩对照表中，当你打开图像文件时，色彩对照表也一同被读入 Photoshop CS5 中，Photoshop CS5 在色彩对照表中找出最终的色彩值。

◎ 位图模式

位图模式为黑白位图模式。黑白位图模式是由黑白两种像素组成的图像，它通过组合不同大小的点，产生一定的灰度级阴影。使用位图模式可以更好地设定网点的大小、形状和角度，更完善地控制灰度图像的打印

2. 色阶

"色阶"命令用于调整图像的对比度、饱和度及灰度。打开一幅图像，如图 4-123 所示，选择"色阶"命令，或按 Ctrl+L 组合键，弹出"色阶"对话框，如图 4-124 所示。

在对话框中，中央是一个直方图，其横坐标为 0～255，表示亮度值，纵坐标为图像像素数。

下面为调整输入色阶的 3 个滑块

图 4-123

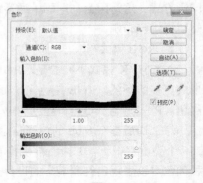
图 4-124

后，图像产生的不同色彩效果，如图 4-125、图 4-126 和图 4-127 所示。

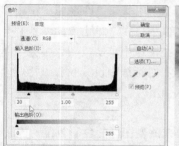

图 4-125

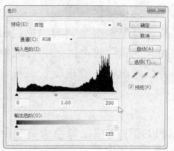

图 4-126

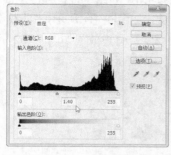

图 4-127

"通道"选项：可以从其下拉菜单中选择不同的通道来调整图像，如果想选择两个以上的色彩通道，要先在"通道"控制面板中选择所需要的通道，再打开"色阶"对话框。

"输入色阶"选项：控制图像选定区域的最暗和最亮色彩，通过输入数值或拖曳三角滑块来调整图像。左侧的数值框和左侧的黑色三角滑块用于调整黑色，图像中低于该亮度值的所有像素将变为黑色；中间的数值框和中间的灰色滑块用于调整灰度，其数值范围为 0.1~9.99，1.00 为中性灰度，数值大于 1.00 时，将降低图像中间灰度，小于 1.00 时，将提高图像中间灰度；右侧的数值框和右侧的白色三角滑块用于调整白色，图像中高于该亮度值的所有像素将变为白色。

"输出色阶"选项：可以通过输入数值或拖曳三角滑块来控制图像的亮度范围（左侧数值框和左侧黑色三角滑块用于调整图像最暗像素的亮度，右侧数值框和右侧白色三角滑块用于调整图像最亮像素的亮度），输出色阶的调整将增加图像的灰度，降低图像的对比度。

"预览"选项：选中该复选框，可以即时显示图像的调整结果。

下面为调整输出色阶两个滑块后，图像产生的不同色彩效果，如图 4-128 和图 4-129 所示。

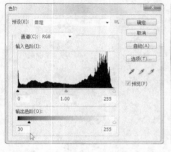

图 4-128

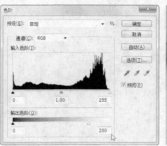

图 4-129

"自动"按钮：可自动调整图像并设置层次。单击"选项"按钮，弹出"自动颜色校正选项"

对话框，可以看到系统将以 0.10%来对图像进行加亮和变暗。3 个吸管工具 🖊 🖊 🖊 分别是黑色吸管工具、灰色吸管工具和白色吸管工具。选中黑色吸管工具，用黑色吸管工具在图像中单击，图像中暗于单击点的所有像素都会变为黑色。用灰色吸管工具在图像中单击，单击点的像素都会变为灰色，图像中的其他颜色也会随之相应调整。用白色吸管工具在图像中单击，图像中亮于单击点的所有像素都会变为白色。双击吸管工具，可在颜色"拾色器"对话框中设置吸管颜色。

3. 曲线

"曲线"命令，可以通过调整图像色彩曲线上的任意一个像素点来改变图像的色彩范围。下面，将进行具体的讲解。

打开一幅图像，选择"曲线"命令，或按 Ctrl+M 组合键，弹出"曲线"对话框，如图 4-130 所示。将鼠标指针移到图像中，单击鼠标左键，如图 4-131 所示，"曲线"对话框的图表中会出现一个小方块，它表示刚才在图像中单击处的像素数值，效果如图 4-132 所示。

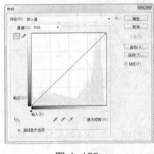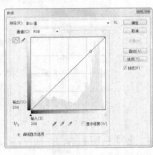

图 4-130　　　　　　　　　　图 4-131　　　　　　　　　　图 4-132

在对话框中，"通道"选项可以用来选择调整图像的颜色通道。

下面为调整曲线后的图像效果，如图 4-133、图 4-134、图 4-135 和图 4-136 所示。

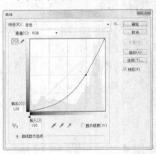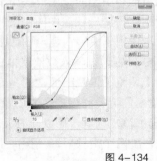

图 4-133　　　　　　　　　　　　　　　　　　　图 4-134

图 4-135　　　　　　　　　　　　　　　　　　　图 4-136

图表中的 x 轴为色彩的输入值，y 轴为色彩的输出值。曲线代表了输入和输出色阶的关系。

绘制曲线工具 ，在默认状态下使用的是 工具，使用它在图表曲线上单击，可以增加控制点，按住鼠标左键拖曳控制点可以改变曲线的形状，拖曳控制点到图表外将删除控制点。使用 工具可以在图表中绘制出任意曲线，单击右侧的"平滑"按钮可使曲线变得平滑。按住 Shift 键，使用 工具可以绘制出直线。

输入和输出数值显示的是图表中光标所在位置的亮度值。

"自动"按钮可自动调整图像的亮度。

4. 艺术效果滤镜

艺术效果滤镜在 RGB 颜色模式和多通道颜色模式下才可用，艺术效果滤镜菜单如图 4-137 所示。原图像及应用艺术效果滤镜组制作的图像效果如图 4-138 所示。

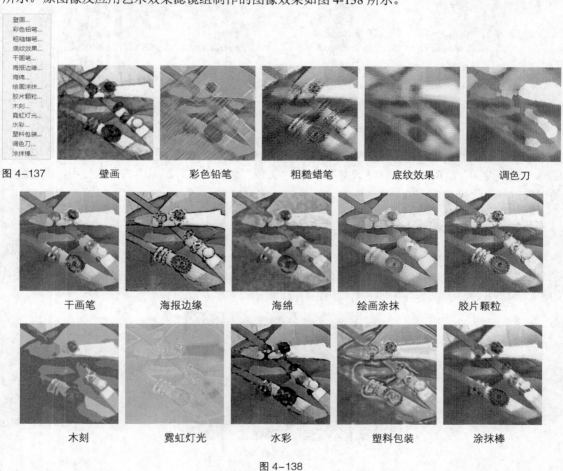

图 4-137　　　壁画　　　　彩色铅笔　　　　粗糙蜡笔　　　　底纹效果　　　　调色刀

干画笔　　　　海报边缘　　　　海绵　　　　绘画涂抹　　　　胶片颗粒

木刻　　　　霓虹灯光　　　　水彩　　　　塑料包装　　　　涂抹棒

图 4-138

5. 像素化滤镜

像素化滤镜用于将图像分块或平面化。像素化滤镜的菜单如图 4-139 所示。应用像素化滤镜组中的滤镜制作的图像效果如图 4-140 所示。

图 4-139　　　原图　　　　　彩块化　　　　　彩色半调　　　　　点状化

晶格化　　　　　　马赛克　　　　　　碎片　　　　　　铜版雕刻

图 4-140

6. 去色

　　选择"图像 > 调整 > 去色"命令，或按 Shift+Ctrl+U 组合键，可以去掉图像中的色彩，使图像变为灰度图，但图像的色彩模式并不改变。"去色"命令可以对图像中的选区使用，将选区中的图像进行去掉图像色彩的处理。

4.3.5　【实战演练】制作怀旧照片

　　使用去色命令将图片变为黑白效果，使用亮度/对比度命令调整图片的亮度，使用添加杂色滤镜命令为图片添加杂色，使用颜色填充命令和混合模式命令制作怀旧色调。最终效果参看光盘中的"Ch04 > 效果 > 制作怀旧照片"，如图 4-141 所示。

图 4-141

4.4　制作个性照片

4.4.1　【案例分析】

　　个性写真是目前最时尚、最流行的一种艺术摄影项目之一。它深受年轻人，尤其是年轻女孩子们的喜爱。本案例要求制作出极具个性的写真照片。

4.4.2　【设计理念】

在设计制作过程中，画面的主调是黄色，与黑色的文字搭配效果突出，带着耳麦的女性随意不羁，体现出时尚新潮的个性，整个照片的处理舒适自然，独具个性。最终效果参看光盘中的"Ch04 > 效果 > 制作个性照片"，如图 4-142 所示。

图 4-142

4.4.3　【操作步骤】

步骤 1 　按 Ctrl+O 组合键，打开光盘中的"Ch04 > 素材 > 制作个性照片 > 01、02"文件，如图 4-143 和图 4-144 所示。

图 4-143　　　　　　　　　图 4-144

步骤 2 　选中 02 素材文件。选择"通道"控制面板，选中"红"通道，将其拖曳到"通道"控制面板下方的"创建新通道"按钮 上进行复制，生成新的通道"红 副本"，如图 4-145 所示。按 Ctrl+I 组合键，将图像反相，图像效果如图 4-146 所示。

步骤 3 　将前景色设置为白色。选择"画笔"工具 ，在属性栏中单击"画笔"选项右侧的按钮，弹出画笔选择面板，将"大小"选项设为 150，将"硬度"选项设为 0，在图像窗口中将人物部分涂抹为白色，效果如图 4-147 所示。将前景色设为黑色。在图像窗口的灰色背景上涂抹，效果如图 4-148 所示。

图 4-145　　　　　　图 4-146　　　　　　图 4-147　　　　　　图 4-148

步骤 4 　按住 Ctrl 键的同时，单击"红 副本"通道，白色图像周围生成选区。选中"RGB"通道，选择"移动"工具 ，将选区中的图像拖曳到 01 文件窗口中的适当位置，效果如图 4-149 所示，在"图层"控制面板中生成新图层并将其命名为"人物图片"，如图 4-150 所示。

步骤 5 　将"人物图片"图层拖曳到控制面板下方的"创建新图层"按钮 上进行复制，生成新图层"人物图片 副本"。选择"滤镜 > 模糊 > 动感模糊"命令，在弹出的对话框中进行设置，如图 4-151 所示，单击"确定"按钮，效果如图 4-152 所示。

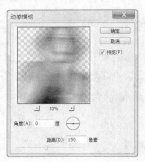

图 4-149　　　　　　　　图 4-150　　　　　　　　图 4-151　　　　　　　　图 4-152

步骤 6 在"图层"控制面板中，将"人物图片 副本"图层拖曳到"人物图片"图层的下方，效果如图 4-153 所示。

步骤 7 选择"人物图片"图层。单击"图层"控制面板下方的"创建新的填充或调整图层"按钮 ，在弹出的菜单中选择"渐变映射"命令，在"图层"控制面板中生成"渐变映射 1"图层，同时弹出"渐变映射"对话框，单击"点按可编辑渐变"按钮 ，弹出"渐变编辑器"对话框，在"位置"选项中分别输入 0、41、100 3 个位置点，分别设置 3 个位置点颜色的 RGB 值为 0（72、2、32），41（233、150、5），100（248、234、195），如图 4-154 所示，单击"确定"按钮，返回"渐变映射"对话框，单击"确定"按钮，图像效果如图 4-155 所示。

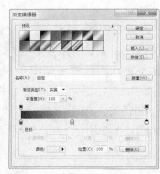

图 4-153　　　　　　　　图 4-154　　　　　　　　图 4-155

步骤 8 将前景色设为黑色。选择"横排文字"工具 ，分别输入文字并选取文字，选择"窗口 > 字符"命令，在弹出的面板中进行设置，如图 4-156 所示。按 Enter 键，效果如图 4-157 所示，在控制面板中分别生成新的文字图层。

图 4-156　　　　　　　　图 4-157

步骤 9 选择 "MUSIC" 文字图层, 按 Ctrl+T 组合键, 在图形周围出现变换框, 将鼠标光标放在变换框的控制手柄外边, 光标变为旋转图标 ↰, 拖曳鼠标将图形旋转到适当的角度, 按 Enter 键确定操作, 如图 4-158 所示。使用相同的方法旋转其他文字, 效果如图 4-159 所示。使用通道更换照片背景效果制作完成。

图 4-158   图 4-159

4.4.4 【相关工具】

1. 通道面板

通道控制面板可以管理所有的通道并对通道进行编辑。选择一张图像, 选择 "窗口 > 通道" 命令, 弹出 "通道" 控制面板, 效果如图 4-160 所示。

在 "通道" 控制面板中, 放置区用于存放当前的图像中存在的所有通道。在通道放置区中, 如果选中的只是其中一个通道, 则只有此通道处于选中状态, 此时该通道上会出现一个蓝色条, 如果想选中多个通道, 可以按住 Shift 键, 再单击其他通道。通道左边的 "眼睛" 图标 👁 用于显示或隐藏颜色通道。

单击 "通道" 控制面板右上方的图标 ▾▤, 弹出其下拉命令菜单, 如图 4-161 所示。

在 "通道" 控制面板的底部有 4 个工具按钮, 如图 4-162 所示。从左到右依次为将通道作为选区载入工具 ◯ 、将选区存储为通道工具 ▣ 、创建新通道工具 🖿 和删除当前通道工具 🗑 。

图 4-160   图 4-161   图 4-162

将通道作为选区载入工具 ◯ 用于将通道中的选择区域调出; 将选区存储为通道工具 ▣ 用于将选择区域存入通道中, 并可在后面调出来制作一些特殊效果; 创建新通道工具 🖿 用于创建或复制一个新的通道, 此时建立的通道即为 Alpha 通道, 单击该工具按钮, 即可创建一个新的 Alpha 通道; 删除当前通道工具 🗑 用于删除一个图像中的通道, 将通道直接拖曳到删除当前通道工具 🗑 按钮上, 即可删除通道。

2. 色彩平衡

"色彩平衡"命令，用于调节图像的色彩平衡度。选择"色彩平衡"命令，或按 Ctrl+B 组合键，弹出"色彩平衡"对话框，如图 4-163 所示。

在对话框中，"色调平衡"选项组用于选取图像的阴影、中间调、高光选项。"色彩平衡"选项组用于在上述选区中添加过渡色来平衡色彩效果，拖曳三角滑块可以调整整个图像的色彩，也可以在"色阶"选项的数值框中输入数值调整整个图像的色彩。"保持明度"选项用于保持原图像的亮度。

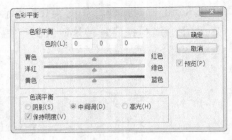

图 4-163

下面为调整色彩平衡后的图像效果，如图 4-164 和图 4-165 所示。

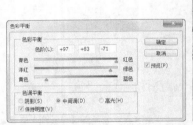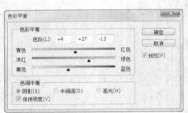

图 4-164   图 4-165

3. 反相

选择"反相"命令，或按 Ctrl+I 组合键，可以将图像或选区的像素反转为其补色，使其出现底片效果。

原图及不同色彩模式的图像反相后的效果，如图 4-166 所示。

原始图像效果   RGB 色彩模式反相后的效果   CMYK 色彩模式反相后的效果

图 4-166

4. 图层的剪贴蒙版

图层剪贴蒙版，是将相邻的图层编辑成剪贴蒙版。在图层剪贴蒙版中，最底下的图层是基层，基层图像的透明区域将遮住上方各层的该区域。制作剪贴蒙版，图层之间的实线变为虚线，基层图层名称下有一条下画线。

打开一幅图片，如图 4-167 所示，"图层"控制面板显示如图 4-168 所示。按住 Alt 键的同时，将鼠标光标放在"莲花"图层和"图片"图层的中间，鼠标光标变为❀，如图 4-169 所示，单击鼠标，创建剪贴蒙版，效果如图 4-170 所示。

如果要取消剪贴蒙版，可以选中剪贴蒙版组中上方的图层，选择"图层 > 释放剪贴蒙版"命令，或按 Alt+Ctrl+G 组合键即可删除。

图 4-167

图 4-168

图 4-169

图 4-170

4.4.5 【实战演练】制作阳光女孩照片模板

使用图层蒙版和画笔工具制作合成效果，使用画笔工具绘制装饰星形。使用图层样式命令制作照片的立体效果，使用变换命令、图层蒙版和渐变工具制作照片投影，使用文字工具添加文字，使用渐变工具制作白色边框。最终效果参看光盘中的"Ch04 > 效果 > 制作阳光女孩照片模板"，如图 4-171 所示。

图 4-171

4.5 综合演练——制作个人写真照片模板

4.5.1 【案例分析】

个性写真是目前大受年轻人追捧和喜爱的一种展现自我个性的艺术形式，希望通过摄影展现自身的魅力，所以本案例要求制作出具有特色的写真照片。

4.5.2 【设计理念】

在设计制作过程中，画面背景使用灰白渐变的形式进行设计，突出时尚感。少女独具个性的装扮和动作展现了青春活力，中间的文字彰显了个性宣言，右侧的个性照片经过修饰处理，达到一种盛放的效果，使画面动感十足，充满新意。

4.5.3 【知识要点】

使用图层蒙版和画笔工具制作照片的合成效果，使用矩形工具和钢笔工具制作立体效果，使用多边形套索工具和羽化命令制作图形阴影，使用矩形工具和创建剪切蒙版命令制作照片蒙版效果，使用文字工具添加模板文字。最终效果参看光盘中的"Ch04 > 效果 > 制作个人写真照片模板"，如图 4-172 所示。

图 4-172

4.6 综合演练——制作童话故事照片模板

4.6.1 【案例分析】

童话故事照片模板是以童话故事的形式将照片进行艺术化处理，要求照片模板能体现出活泼天真的感觉，展现出童话般的效果和不一样的照片主题。

4.6.2 【设计理念】

在设计制作过程中，使用粉色和可爱的心形图案作为卡片的背景，营造出温馨可爱的氛围；白色的矩形方块内放置着不同大小和形状的照片，体现出孩子天真可爱的一面。右侧放大的照片使整个画面主次分明，文字的设计与主题相呼应，展现出模版的设计主题。

4.6.3 【知识要点】

使用定义图案命令制作背景效果；使用用画笔描边路径按钮为圆角矩形制作花形描边；使用添加图层样式按钮为圆角矩形添加特殊效果；使用创建剪贴蒙版命令为人物照片添加剪贴蒙版制作照片墙；使用自定形状工具和添加图层样式按钮添加装饰图形。最终效果参看光盘中的"Ch04 > 效果 > 制作童话故事照片模板"，如图 4-173 所示。

图 4-173

第5章 宣传单设计

宣传单对宣传活动和促销商品有着重要作用。宣传单通过派送、邮递等形式，可以有效地将信息传达给目标受众。本章以制作各种不同类型的宣传单为例，介绍宣传单的设计方法和制作技巧。

 课堂学习目标

- 掌握宣传单的设计思路和手段
- 掌握宣传单的制作方法和技巧

5.1 制作平板电脑宣传单

5.1.1 【案例分析】

平板电脑是一种无需翻盖、没有键盘、小到可以放入女士手袋但却功能完整的 PC，能为人们的工作、学习和生活提供更多的便利，已被越来越多的人所喜爱。本例是为平板电脑设计制作的销售广告。在广告设计上要求在抓住产品特色的同时，也能充分展示销售的卖点。

图 5-1

5.1.2 【设计理念】

在设计制作过程中，先从背景入手，通过蓝色渐变的应用，展示出较高的品味和时尚感。通过宣传性文字的精心设计，形成较强的视觉冲击力，介绍出产品的优势和特性。通过产品图片的展示和说明展现出产品超强的功能，让人印象深刻；整个设计给人条理清晰，主次分明的印象。最终效果参看光盘中的"Ch05 > 效果 > 制作平板电脑宣传单"，如图 5-1 所示。

5.1.3 【操作步骤】

步骤 1 按 Ctrl+O 组合键，打开光盘中的"Ch05 > 素材 > 制作平板电脑宣传单 > 01"文件，效果如图 5-2 所示。

步骤 2 新建图层并将其命名为"灰色条"。选择"矩形选框"工具，在图像窗口中绘制选区，如图 5-3 所示。选择"渐变"工具，单击属性栏中的"点按可编辑渐变"按钮，弹出"渐变编辑器"对话框，将渐变色设为从灰色（其 R、G、B 的值分别为 219、219、219）到浅灰色（其 R、G、B 的值分别为 237、237、237），如图 5-4 所示，单击"确定"按钮。在选区上由下至上拖曳渐变色，松开鼠标后的效果如图 5-5 所示。按 Ctrl+D 组合键，取消选区。

图 5-2　　　　　　　　图 5-3　　　　　　　　　　图 5-4　　　　　　　　图 5-5

步骤 3　按 Ctrl+O 组合键，打开光盘中的"Ch05 > 素材 > 制作平板电脑宣传单 > 02"文件，选择"移动"工具，将 02 图片拖曳到图像窗口中适当的位置，如图 5-6 所示，在"图层"控制面板中生成新的图层并将其命名为"平板电脑"。

步骤 4　按 Ctrl+J 组合键，复制图像。在图像窗口中将副本图像拖曳到适当的位置，如图 5-7 所示。按 Ctrl+T 组合键，图像周围出现变换框，按住 Shift+Alt 组合键的同时，向内拖曳变换框的控制手柄，等比例缩小图像，按 Enter 键确定操作，效果如图 5-8 所示。

图 5-6　　　　　　　　　图 5-7　　　　　　　　　图 5-8

步骤 5　按 Ctrl+O 组合键，打开光盘中的"Ch05 > 素材 > 制作平板电脑宣传单 > 03"文件，选择"移动"工具，将 03 图片拖曳到图像窗口中适当的位置，如图 5-9 所示，在"图层"控制面板中生成新的图层并将其命名为"文字"。

步骤 6　将前景色设为黑色。选择"横排文字"工具，在属性栏中选择合适的字体并设置文字大小，在适当的位置输入文字，效果如图 5-10 所示，在"图层"控制面板中生成新的文字图层。

图 5-9　　　　　　　　　　图 5-10

步骤 7　按 Ctrl+O 组合键，打开光盘中的"Ch05 > 素材 > 制作平板电脑宣传单 > 04"文件，选择"移动"工具，将 04 图片拖曳到图像窗口中适当的位置，并调整其大小，如图 5-11

所示，在"图层"控制面板中生成新的图层并将其命名为"平板电脑 2"。

步骤 8 单击"图层"控制面板下方的"添加图层样式"按钮 fx. ，在弹出的菜单中选择"投影"命令，在弹出的对话框中进行设置，如图 5-12 所示，单击"确定"按钮，效果如图 5-13所示。

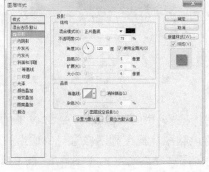

图 5-11　　　　　　　　　　　图 5-12　　　　　　　　　　　图 5-13

步骤 9 选择"横排文字"工具 T. ，在属性栏中单击"左对齐文本"按钮 ，在适当的位置输入需要的文字并选取文字，在属性栏中选择合适的字体并设置文字大小，效果如图 5-14 所示，按 Alt+向下方向键，适当调整文字行距，取消文字选取状态，效果如图 5-15 所示，在"图层"控制面板中生成新的文字图层。

图 5-14　　　　　　　　　　　　　　　　图 5-15

步骤 10 新建图层并将其命名为"圆"。选择"椭圆"工具 ，单击属性栏中的"填充像素"按钮 ，按住 Shift 键的同时，在文字左侧适当的位置绘制圆形，效果如图 5-16 所示。

步骤 11 连续 3 次拖曳"圆"图层到控制面板下方的"创建新图层"按钮 上进行复制，生成副本图层。选择"移动"工具 ，按住 Shift 键的同时，分别向下拖曳复制的圆形到适当的位置，效果如图 5-17 所示。

- 四核A8芯片给您带来的是快达4倍的处理器速度，
  800万像素的摄像头比其他平板电脑多出65%，t
  每秒50帧，拍摄令人叹为观止的1080pHD高清视
  自动平衡让色彩更逼真，降噪功能帮助您在暗淡

- 四核A8芯片给您带来的是快达4倍的处理器速度，
- 800万像素的摄像头比其他平板电脑多出65%，t
- 每秒50帧，拍摄令人叹为观止的1080pHD高清视
- 自动平衡让色彩更逼真，降噪功能帮助您在暗淡

图 5-16　　　　　　　　　　　图 5-17

步骤 12 新建图层组生成"组一"。新建图层并将其命名为"白色矩形"。将前景色设为白色，选择"矩形"工具 ，在图像窗口中适当的位置绘制一个矩形，效果如图 5-18 所示。

步骤 13 单击"图层"控制面板下方的"添加图层样式"按钮 fx. ，在弹出的菜单中选择"投影"命令，在弹出的对话框中进行设置，如图 5-19 所示，单击"确定"按钮，效果如图 5-20所示。

中等职业教育数字艺术类规划教材

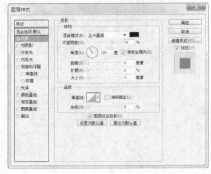

图 5-18　　　　　　　　　图 5-19　　　　　　　　　图 5-20

步骤 14　按 Ctrl+O 组合键，打开光盘中的"Ch05 > 素材 > 制作平板电脑宣传单 > 05"文件，选择"移动"工具 ，将电脑图片拖曳到图像窗口中适当的位置，如图 5-21 所示，在"图层"控制面板中生成新的图层并将其命名为"图片"。按 Ctrl+Alt+G 组合键，为"图片"图层创建剪贴蒙版，效果如图 5-22 所示。

步骤 15　选择"横排文字"工具 ，在属性栏中单击"居中对齐文本"按钮 ，在适当的位置输入文字，选取文字，按 Alt+向上方向键，适当调整文字行距。再分别选取文字，在属性栏中选择合适的字体并设置文字大小，填充适当的文字颜色，效果如图 5-23 所示，在"图层"控制面板中生成新的文字图层。

步骤 16　单击"组一"图层组左侧的三角形图标 ，将"组一"图层组中的图层隐藏。打开 06、07、08 文件，分别将其拖曳到图像窗口中适当的位置并调整其大小，用上述方法制作出如图5-24 所示的效果。

图 5-21　　　　　　图 5-22　　　　　　图 5-23　　　　　　　　　图 5-24

步骤 17　将前景色设为黑色。选择"横排文字"工具 ，在适当的位置输入文字，选取文字，在属性栏中选择合适的字体并设置文字大小，按 Alt+向上方向键，适当调整文字行距，取消文字选取状态，效果如图 5-25 所示，在"图层"控制面板中生成新的文字图层。平板电脑宣传单制作完成，效果如图 5-26 所示。

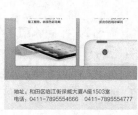　　　　　　

图 5-25　　　　　　　　　图 5-26

5.1.4　【相关工具】

1. 输入水平、垂直文字

选择"横排文字"工具 T.，或按 T 键，属性栏如图 5-27 所示。

图 5-27

更改文本方向 ：用于选择文字输入的方向。

：用于设定文字的字体及属性。

：用于设定字体的大小。

：用于消除文字的锯齿，包括无、锐利、犀利、浑厚和平滑 5 个选项。

：用于设定文字的段落格式，分别是左对齐、居中对齐和右对齐。

：用于设置文字的颜色。

创建文字变形 ：用于对文字进行变形操作。

切换字符和段落面板 ：用于打开"段落"和"字符"控制面板。

取消所有当前编辑 ：用于取消对文字的操作。

提交所有当前编辑 ：用于确定对文字的操作。

选择直排文字工具 ，可以在图像中建立垂直文本，创建垂直文本工具属性栏和创建文本工具属性栏的功能基本相同。

2. 输入段落文字

建立段落文字图层就是以段落文字框的方式建立文字图层。将横排文字工具 T.移动到图像窗口中，鼠标光标变为 图标。单击并按住鼠标左键不放，拖曳鼠标在图像窗口中创建一个段落定界框，如图 5-28 所示。插入点显示在定界框的左上角，段落定界框具有自动换行的功能，如果输入的文字较多，则当文字遇到定界框时，会自动换到下一行显示，输入文字，效果如图 5-29 所示。如果输入的文字需要分段落，可以按 Enter 键进行操作，还可以对定界框进行旋转、拉伸等操作。

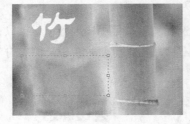

图 5-28

图 5-29

3. 字符面板

Photoshop CS5 在处理文字方面较之以前的版本有飞跃性的突破。其中，"字符"控制面板可以用来编辑文本字符。

选择"窗口 > 字符"命令，弹出"字符"控制面板，如图 5-30 所示。

"设置字体系列"选项 宋体 ：选中字符或文字图层，单击选项右侧的按钮 ，在弹出的下拉菜单中选择需要的字体。

"设置字体大小"选项 T 12点 ▾：选中字符或文字图层，在选项的数值框中输入数值，或单击选项右侧的按钮 ▾，在弹出的下拉菜单中选择需要的字体大小数值。

"垂直缩放"选项 IT 100% ：选中字符或文字图层，在选项的数值框中输入数值，可以调整字符的长度，效果如图 5-31 所示。

垂直缩放　垂直缩放　垂直缩放

数值为100%时的效果　　数值为150%时的效果　　数值为200%时的效果

图 5-30　　　　　　　　　　　　　　　　图 5-31

"设置所选字符的比例间距"选项 ▣ 0% ▾：选中字符或文字图层，在选项的数值框中选择百分比数值，可以对所选字符的比例间距进行细微的调整，效果如图 5-32 所示。

字符比例间距　　字符比例间距

数值为0%时的效果　　　　　数值为100%时的效果

图 5-32

"设置所选字符的字距调整"选项 AV 0 ▾：选中需要调整字距的文字段落或文字图层，在选项的数值框中输入数值，或单击选项右侧的按钮 ▾，在弹出的下拉菜单中选择需要的字距数值，可以调整文本段落的字距。输入正值时，字距加大；输入负值时，字距缩小，效果如图 5-33 所示。

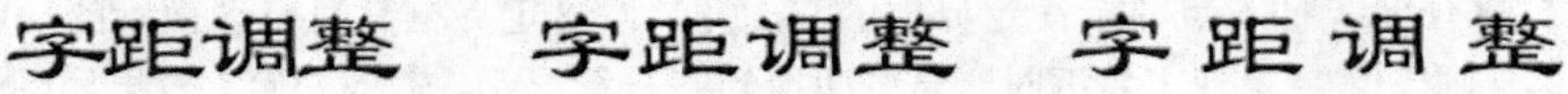

字距调整　　字距调整　　字 距 调 整

数值为-100 时的效果　　数值为 0 时的效果　　数值为 200 时的效果

图 5-33

"设置基线偏移"选项 A↕ 0点 ：选中字符，在选项的数值框中输入数值，可以调整字符上下移动。输入正值时，横排的字符上移，直排的字符右移；输入负值时，横排的字符下移，直排的字符左移。效果如图 5-34 所示。

2013$_2$　　　　2013^2　　　　2013$_2$

选中字符　　　　数值为 20 时的效果　　　数值为-20 时的效果

图 5-34

"设定字符的形式"按钮 T T TT Tr T¹ T₁ T T：从左到右依次为"仿粗体"按钮 T、"仿斜体"按钮 T、"全部大写字母"按钮 TT、"小型大写字母"按钮 Tr、"上标"按钮 T¹、"下标"按钮 T₁、"下划线"按钮 T 和"删除线"按钮 T。选中字符或文字图层，单击需要的形式按钮，各个形式效果如图 5-35 所示。

文字正常效果　　　　文字仿粗体效果　　　　文字仿斜体效果　　　　文字全部大写效果

文字小型大写字母效果　　　文字上标效果　　　　文字下标效果　　　　文字下划线效果　　　　文字删除线效果

图 5-35

"语言设置"选项 美国英语 ▾：单击选项右侧的按钮▾，在弹出的下拉菜单中选择需要的语言字典。选择字典主要用于拼写检查和连字的设定。

"设置字体样式"选项 Regular ▾：选中字符或文字图层，单击选项右侧的按钮▾，在弹出的下拉菜单中选择需要的字型。

"设置行距"选项 ᴬᴬ 自动 ▾：选中需要调整行距的文字段落或文字图层，在选项的数值框中输入数值，或单击选项右侧的按钮▾，在弹出的下拉菜单中选择需要的行距数值，可以调整文本段落的行距，效果如图 5-36 所示。

数值为 18 时的效果　　　　数值为 26 时的效果　　　　数值为 30 时的效果

图 5-36

"水平缩放"选项 T 100%：选中字符或文字图层，在选项的数值框中输入数值，可以调整字符的宽度，效果如图 5-37 所示。

数值为 100%时的效果　　　　数值为 130%时的效果　　　　数值为 150%时的效果

图 5-37

"设置两个字符间的字距微调"选项 ᴬ᷎ᵥ 0 ▾：使用文字工具在两个字符间单击，插入光标，在选项的数值框中输入数值，或单击选项右侧的按钮▾，在弹出的下拉菜单中选择需要的字距数值。输入正值时，字符的间距会加大；输入负值时，字符的间距会缩小，效果如图 5-38 所示。

数值为 0 时的效果　　　　数值为 200 时的效果　　　　数值为-200 时的效果

图 5-38

"设置文本颜色"选项 颜色：▇▇▇：选中字符或文字图层，在颜色框中单击，弹出"拾色器"对话框，在对话框中设定需要的颜色后，单击"确定"按钮，可以改变文字的颜色。

"设置消除锯齿的方法"选项 ᵃᵃ 锐利 ▾：可以选择无、锐利、犀利、浑厚和平滑 5 种消除锯齿的方式，效果如图 5-39 所示。

无　　　　　　锐利　　　　　　犀利　　　　　　浑厚　　　　　　平滑

图 5-39

4．段落面板

"段落"控制面板可以用来编辑文本段落。下面具体介绍段落控制面板的内容。

选择"窗口 > 段落"命令，弹出"段落"控制面板，如图 5-40 所示。

图 5-40

在控制面板中，▤ ▤ ▤选项用来调整文本段落中每行对齐的方式：左对齐文本、居中对齐文本和右对齐文本；▤ ▤ ▤选项用来调整段落的对齐方式：最后一行左对齐、最后一行居中对齐和最后一行右对齐；▤选项用来设置整个段落中的行两端对齐：全部对齐。

另外，通过输入数值还可以调整段落文字的左缩进 ▸▤、右缩进 ▤◂、首行缩进 ▸▤、段前添加空格 ▤和段后添加空格 ▤。

"左缩进"选项 ▸▤：在选项中输入数值可以设置段落左端的缩进量。

"右缩进"选项 ▤◂：在选项中输入数值可以设置段落右端的缩进量。

"首行缩进"选项 ▸▤：在选项中输入数值可以设置段落第一行的左端缩进量。

"段前添加空格"选项 ▤：在选项中输入数值可以设置当前段落与前一段落的距离。

"段后添加空格"选项 ▤：在选项中输入数值可以设置当前段落与后一段落的距离。

"避头尾法则设置"和"间距组合设置"选项可以设置段落的样式；"连字"选项为连字符选框，用来确定文字是否与连字符连接。

此外，单击"段落"控制面板右上方的图标 ▤，还可以弹出"段落"控制面板的下拉命令菜单，如图 5-41 所示。

"罗马式溢出标点"命令：为罗马悬挂标点。

"顶到顶行距"命令：用于设置段落行距为两行文字顶部之间的距离。

"底到底行距"命令：用于设置段落行距为两行文字底部之间的距离。

"对齐"命令：用于调整段落中文字的对齐。

"连字符连接"命令：用于设置连字符。

"Adobe 单行书写器"命令：为单行编辑器。

"Adobe 多行书写器"命令：为多行编辑器。

"复位段落"命令：用于恢复"段落"控制面板的默认值。

图 5-41

5. 文字变形

可以根据需要将输入完成的文字进行各种变形。打开一幅图像，按 T 键，选择"横排文字"工具 T，在文字工具属性栏中设置文字的属性，如图 5-42 所示，将"横排文字"工具 T 移动到图像窗口中，鼠标指针将变成 I 图标。在图像窗口中单击，此时出现一个文字的插入点，输入需要的文字，文字将显示在图像窗口中，效果如图 5-43 所示。

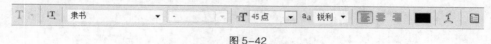

图 5-42

单击文字工具属性栏中的"创建文字变形"按钮 工，弹出"变形文字"对话框，其中"样式"选项中有 15 种文字的变形效果，如图 5-44 所示。

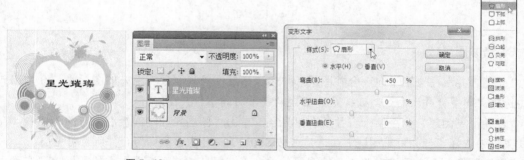

图 5-43 图 5-44

文字的多种变形效果，如图 5-45 所示。

扇形 下弧 上弧 拱形

图 5-45

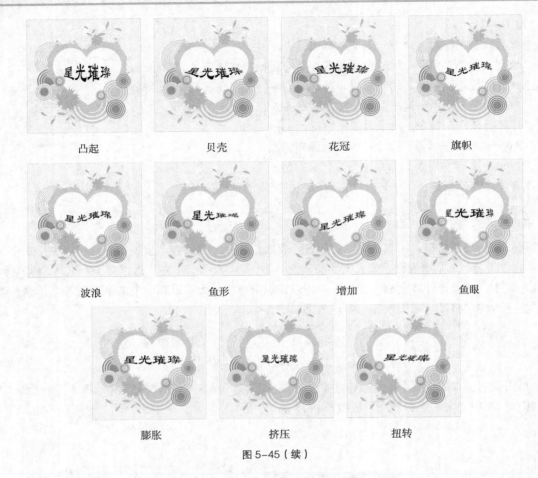

凸起   贝壳   花冠   旗帜

波浪   鱼形   增加   鱼眼

膨胀   挤压   扭转

图 5-45（续）

6. 合并图层

"向下合并"命令用于向下合并图层。单击"图层"控制面板右上方的图标 ，在弹出式菜单中选择"向下合并"命令，或按 Ctrl+E 组合键即可向下合并图层。

"合并可见图层"命令用于合并所有可见层。单击"图层"控制面板右上方的图标 ，在弹出式菜单中选择"合并可见图层"命令，或按 Shift+Ctrl+E 组合键即可合并所有可见层。

"拼合图像"命令用于合并所有的图层。单击"图层"控制面板右上方的图标 ，在弹出式菜单中选择"拼合图像"命令。

5.1.5 【实战演练】制作餐饮宣传单

使用椭圆工具和画笔工具制作白色装饰图形，使用移动工具添加菜肴图片，使用描边命令为标题文字添加描边，使用自定形状工具绘制皇冠图形。最终效果参看光盘中的"Ch05 > 效果 > 制作餐饮宣传单"，如图 5-46 所示。

图 5-46

5.2 制作汉堡宣传单

5.2.1 【案例分析】

汉堡是现代西式快餐中的主要食物，这种食物食用方便、风味可口、营养全面，现在已经成为畅销世界的方便主食之一。本例是为某快餐品牌制作的汉堡折扣广告，要求以折扣信息为广告的主要内容。

5.2.2 【设计理念】

在设计制作过程中，通过虚化的背景来突出前方的宣传主题——汉堡，对文字进行了细致丰富的处理，使信息地传达明确直观，让消费者能够快速吸收信息，整体画面简洁突出，宣传性强。最终效果参看光盘中的"Ch05 > 效果 > 制作汉堡宣传单"，如图 5-47 所示。

5.2.3 【操作步骤】

1. 制作背景效果

图 5-47

步骤 1 按 Ctrl+N 组合键，新建一个文件，宽度为 80cm，高度为 120cm，分辨率为 72 像素/英寸，颜色模式为 RGB，背景内容为白色，单击"确定"按钮。

步骤 2 按 Ctrl+O 组合键，打开光盘中的"Ch05 > 素材 > 制作汉堡宣传单 > 01"文件。选择"移动"工具 ，拖曳 01 图片到图像窗口中的适当位置，在"图层"控制面板中生成新的图层并将其命名为"图片"，效果如图 5-48 所示。

步骤 3 选择"滤镜 > 像素化 > 晶格化"命令，弹出"晶格化"对话框，选项的设置如图 5-49 所示，单击"确定"按钮，效果如图 5-50 所示。

图 5-48　　　　　　　　　　图 5-49　　　　　　　　　　图 5-50

步骤 4 按 Ctrl+O 组合键，打开光盘中的"Ch05 > 素材 > 制作汉堡宣传单 > 02"文件。选择"移动"工具 ，拖曳 02 图片到图像窗口中的适当位置，在"图层"控制面板中生成新的图层并将其命名为"装饰"，效果如图 5-51 所示。

步骤 5 按 Ctrl+O 组合键，打开光盘中的"Ch05 > 素材 > 制作汉堡宣传单 > 03"文件。选择"移动"工具 ，拖曳 03 图片到图像窗口中的适当位置，在"图层"控制面板中生成新的图层并将其命名为"食物"，效果如图 5-52 所示。

图 5-51　　　　　　　　图 5-52

步骤6 单击"图层"控制面板下方的"添加图层样式"按钮 _fx._ ，在弹出的下拉菜单中选择"外发光"命令，在弹出的对话框中进行设置，如图 5-53 所示。单击"确定"按钮，效果如图 5-54 所示。

步骤7 按 Ctrl+O 组合键，打开光盘中的"Ch05 > 素材 > 制作汉堡宣传单 > 04"文件。选择"移动"工具 ，拖曳 04 图片到图像窗口中的适当位置，在"图层"控制面板中生成新的图层并将其命名为"绿叶"，效果如图 5-55 所示。

图 5-53　　　　　　　　图 5-54　　　　　　图 5-55

2. 制作标题文字效果

步骤1 将前景色设为白色。选择"横排文字"工具 T ，分别在属性栏中选择合适的字体并设置文字大小，在图像窗口中分别输入文字，如图 5-56 所示。在"图层"控制面板中生成新的文字图层。选择"横排文字"工具 T ，选取文字"劲脆"，填充为黄色（其 R、G、B 的值分别为 230、226、68）。选取文字"堡"，填充为红色（其 R、G、B 的值分别为 223、91、37），效果如图 5-57 所示。

图 5-56　　　　　　　　图 5-57

步骤 **2** 按 Ctrl+T 组合键，在图形周围出现变换框，将鼠标光标放在变换框的控制手柄外边，光标变为旋转图标 ↻，拖曳鼠标将图形旋转到适当的角度，按 Enter 键确定操作，效果如图 5-58 所示。

步骤 **3** 将前景色设为白色。选择"横排文字"工具 T，在属性栏中选择合适的字体并设置大小，在图像窗口中输入需要的文字，如图 5-59 所示，在控制面板中生成新的文字图层。

图 5-58　　　　　　　　　图 5-59

步骤 **4** 单击"图层"控制面板下方的"添加图层样式"按钮 fx，在弹出的菜单中选择"投影"命令，在弹出的对话框中进行设置，如图 5-60 所示，单击"确定"按钮，效果如图 5-61 所示。

步骤 **5** 按 Ctrl+T 组合键，在图形周围出现变换框，将鼠标光标放在变换框的控制手柄外边，光标变为旋转图标 ↻，拖曳鼠标将图形旋转到适当的角度，按 Enter 键确定操作，效果如图 5-62 所示。

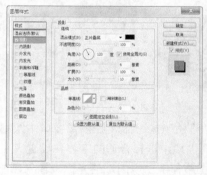

图 5-60　　　　　　　　图 5-61　　　　　　　　图 5-62

步骤 **6** 新建图层并将其命名为"文字描边"。选择"钢笔"工具 ✎，选中属性栏中的"路径"按钮 ▨，在图像窗口中拖曳鼠标绘制多个闭合路径，如图 5-63 所示。按 Ctrl+Enter 组合键将路径转化为选区。将前景色设为墨绿色（其 R、G、B 的值分别为 0、59、31）。按 Alt+Delete 组合键用前景色填充选区，按 Ctrl+D 组合键取消选区，效果如图 5-64 所示。

图 5-63　　　　　　　　　　图 5-64

步骤 **7** 单击"图层"控制面板下方的"添加图层样式"按钮 fx，在弹出的菜单中选择"描边"命令，弹出对话框，将描边颜色设为白色，其他选项的设置如图 5-65 所示，单击"确定"按钮，效果如图 5-66 所示。

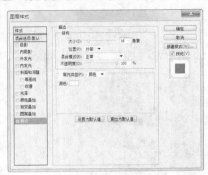

图 5-65　　　　　　　　　　　　　图 5-66

步骤 8 在"图层"控制面板中，将"文字描边"图层拖曳到"劲脆鸡腿堡"文字图层的下方，如图 5-67 所示，图像效果如图 5-68 所示。

步骤 9 选择"移动"工具，在"图层"控制面板中选择"买二送一"文字图层。按 Ctrl+O 组合键，打开光盘中的"Ch05 > 素材 > 制作汉堡宣传单 > 05"文件。选择"移动"工具，拖曳 05 图片到图像窗口中的适当位置，在"图层"控制面板中生成新的图层并将其命名为"食物 2"，效果如图 5-69 所示。

图 5-67　　　　　　　　图 5-68　　　　　　　　图 5-69

步骤 10 选择"钢笔"工具，选中属性栏中的"路径"按钮，在图像窗口中绘制路径，如图 5-70 所示。选择"横排文字"工具，在属性栏中选择合适的字体并设置大小，将鼠标光标置于路径上时会变为图标，单击鼠标，在路径上出现闪烁的光标，输入需要的文字，并设置文字填充色为橘黄色（其 R、G、B 的值分别为 224、122、41），填充文字，效果如图 5-71 所示。在"图层"控制面板中生成新的文字图层。

步骤 11 选择"窗口 > 字符"命令，弹出"字符"面板，选项的设置如图 5-72 所示，效果如图 5-73 所示。选择"移动"工具，在"路径"面板中的空白处单击鼠标，隐藏路径。

图 5-70　　　　　　　图 5-71　　　　　　　图 5-72　　　　　　　图 5-73

步骤 **12** 单击"图层"控制面板下方的"添加图层样式"按钮 *fx.*，在弹出的菜单中选择"描边"命令，弹出对话框，将描边颜色设为白色，其他选项的设置如图 5-74 所示，单击"确定"按钮，效果如图 5-75 所示。

步骤 **13** 将前景色设为白色。选择"横排文字"工具 T，在属性栏中选择合适的字体并设置大小，在图像窗口中输入需要的文字，如图 5-76 所示，在控制面板中生成新的文字图层。

图 5-74   图 5-75   图 5-76

步骤 **14** 选择"窗口 > 字符"命令，弹出"字符"面板，选项的设置如图 5-77 所示，效果如图 5-78 所示。

步骤 **15** 按 Ctrl+O 组合键，打开光盘中的"Ch05 > 素材 > 制作汉堡宣传单 > 06"文件。选择"移动"工具 ，拖曳 06 图片到图像窗口中的适当位置，在"图层"控制面板中生成新的图层并将其命名为"图标"，效果如图 5-79 所示。汉堡宣传单制作完成。

图 5-77   图 5-78   图 5-79

5.2.4 【相关工具】

在 Photoshop CS5 中，可以把文本沿着路径放置，这样的文字还可以在 Illustrator 中直接编辑。

打开一幅图像，按 P 键，选择"椭圆"工具 ，在图像中绘制圆形，如图 5-80 所示。选择"横排文字"工具 T，在文字工具属性栏中设置文字的属性，如图 5-81 所示。当鼠标光标停放在路径上时会变为 图标，如图 5-82 所示，单击路径会出现闪烁的光标，此处成为输入文字的起始点，输入的文字会按照路径的形状进行排列，效果如图 5-83 所示。

文字输入完成后，在"路径"控制面板中会自动生成文字路径层，如图 5-84 所示。取消"视图 > 显示额外内容"命令的选中状态，可以隐藏文字路径，如图 5-85 所示。

图 5-80

图 5-81

图 5-82

图 5-83

图 5-84

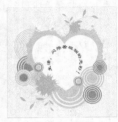

图 5-85

提 示　　"路径"控制面板中文字路径层与"图层"控制面板中相应的文字图层是相链接的，删除文字图层时，文字的路径层会自动被删除，删除其他工作路径不会对文字的排列有影响。如果要修改文字的排列形状，需要对文字路径进行修改。

5.2.5　【实战演练】制作奶茶宣传单

使用文本工具添加文字信息。使用钢笔工具和文本工具制作路径文字效果。使用矩形工具和椭圆工具绘制装饰图形。最终效果参看光盘中的"Ch05 > 效果 > 制作奶茶宣传单"，如图 5-86 所示。

图 5-86

5.3　制作饮水机宣传单

5.3.1　【案例分析】

饮水机是将桶装纯净水升温或降温并方便人们饮用的装置，是现代人居家生活的必备用品。本案例是为电器公司制作的饮水机宣传单，要求能体现出饮水机的品质以及超值的购物优惠。

5.3.2　【设计理念】

宣传单的背景使用白色，凸显出洁净的感觉，前方以水柱缠绕的饮水机形象，形成强烈的视觉冲击，突出宣传主题，文字的设计编排与主题相呼应。整个宣传单设计清新明快，给人干净清爽的印象。最终效果参看光盘中的"Ch05 > 效果 > 制作饮水机宣传单"，如图 5-87 所示。

图 5-87

5.3.3　【操作步骤】

步骤 1　按 Ctrl+O 组合键，打开光盘中的"Ch05 > 素材 > 制作饮水机宣传单 > 01"文件，如图 5-88 所示。将前景色设为深蓝色（其 R、G、B 的值分别为 0、54、124）。选择"横排文字"工具 T，在属性栏中选择合适的字体并设置大小，在图像窗口中输入需要的文字，如图 5-89 所示，在控制面板中生成新的文字图层。

图 5-88　　　　　　　图 5-89

步骤 2　选择"图层 > 栅格化 > 文字"命令，将文字图层转换为图像图层。选择"套索"工具 ，在"健"字下方绘制选区，如图 5-90 所示。按 Delete 键，将选区中的图像删除。按 Ctrl+D 组合键取消选区，效果如图 5-91 所示。用相同的方法删除其他不需要的图像，效果如图 5-92 所示。

图 5-90　　　　　图 5-91　　　　　　　图 5-92

步骤 3　选择"套索"工具 ，圈选文字"健"，如图 5-93 所示。选择"移动"工具 ，将文字向上拖曳到适当的位置。按 Ctrl+D 组合键，取消选区，效果如图 5-94 所示。用相同的方法调整其他文字的位置，效果如图 6-95 所示。

步骤 4　将前景色设为深蓝色（其 R、G、B 的值分别为 0、54、124）。新建图层生成"图层 1"。选择"钢笔"工具 ，选中属性栏中的"路径"按钮 ，在图像窗口中拖曳鼠标绘制多个闭合路径，如图 5-96 所示。

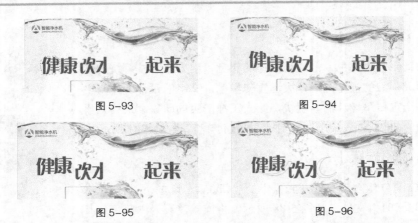

图 5-93　　　　　　　　　　　　　图 5-94

图 5-95　　　　　　　　　　　　　图 5-96

步骤 5 按 Ctrl+Enter 组合键将路径转化为选区。按 Alt+Delete 组合键用前景色填充选区，按 Ctrl+D 组合键取消选区，效果如图 5-97 所示。在"图层"控制面板中，按住 Shift 键的同时，将"图层 1"图层和"健康饮水 起来"图层同时选取，按 Ctrl+E 组合键，合并图形，并将其命名为"文字"。

步骤 6 将前景色设为白色。按住 Ctrl 键的同时，在"图层"控制面板中单击"文字"图层的图层缩览图，在文字图像周围生成选区。按 Alt+Delete 组合键用前景色填充选区，按 Ctrl+D 组合键取消选区，效果如图 5-98 所示。

图 5-97　　　　　　　　　　　　　图 5-98

步骤 7 单击"图层"控制面板下方的"添加图层样式"按钮 *fx.*，在弹出的下拉菜单中选择"斜面和浮雕"选项，在弹出的对话框中进行设置，如图 5-99 所示。选择"描边"选项，弹出对话框，将描边颜色设为深蓝色（其 R、G、B 的值分别为 27、52、97），其他选项的设置如图 5-100 所示，单击"确定"按钮，效果如图 5-101 所示。

图 5-99　　　　　　　　　图 5-100　　　　　　　　图 5-101

步骤 8 按 Ctrl+O 组合键，打开光盘中的"Ch05 > 素材 > 制作饮水机宣传单 > 02"文件。选择"移动"工具 ►＋，拖曳 02 图片到图像窗口中的适当位置，在"图层"控制面板中生成新的图层并将其命名为"水滴"，效果如图 5-102 所示。按 Ctrl+Alt+G 组合键，为"水滴"图

层创建剪贴蒙版，效果如图 5-103 所示。

图 5-102

图 5-103

步骤 9　将前景色设为墨绿色（其 R、G、B 的值分别为 0、61、30）。新建图层并将其命名为"活"。选择"钢笔"工具 ，选中属性栏中的"路径"按钮 ，在图像窗口中拖曳鼠标绘制多个闭合路径，如图 5-104 所示。按 Ctrl+Enter 组合键将路径转化为选区。按 Alt+Delete 组合键，用前景色填充选区，按 Ctrl+D 组合键取消选区，效果如图 5-105 所示。

图 5-104　　　　　　图 5-105

步骤 10　将前景色设为绿色（其 R、G、B 的值分别为 76、183、72）。将"活"图层拖曳到控制面板下方的"创建新图层"按钮 上进行复制，生成新的副本图层。按住 Ctrl 键的同时，单击"活 副本"的图层缩览图，图像周围生成选区，如图 5-106 所示。按 Alt+Delete 组合键，用前景色填充选区，按 Ctrl+D 组合键取消选区，效果如图 5-107 所示。选择"移动"工具 ，按住 Shift 键的同时，垂直向上拖曳到适当的位置，效果如图 5-108 所示。

步骤 11　将前景色设为黄绿色（其 R、G、B 的值分别为 218、220、49）。将"活 副本"图层拖曳到控制面板下方的"创建新图层"按钮 上进行复制，生成新的副本图层，并将其命名为"高光"。按住 Ctrl 键的同时，单击"高光"的图层缩览图，图像周围生成选区，如图 5-109 所示。

步骤 12　选择"选择 > 修改 > 收缩"命令，弹出"收缩选区"对话框，选项的设置如图 5-110 所示，单击"确定"按钮，效果如图 5-111 所示。

图 5-106　　　　　　图 5-107　　　　　　图 5-108

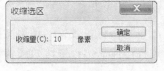

图 5-109　　　　　　图 5-110　　　　　　图 5-111

步骤 13　选择"选择 > 修改 > 羽化"命令，弹出"羽化选区"对话框，选项的设置如图 5-112

中等职业教育数字艺术类规划教材

所示，单击"确定"按钮，效果如图 5-113 所示。按 Alt+Delete 组合键，用前景色填充选区，按 Ctrl+D 组合键取消选区，效果如图 5-114 所示。

图 5-112　　　　　　　　图 5-113　　　　　　　　图 5-114

步骤 14 将前景色设为白色。新建图层并将其命名为"高光 2"。选择"钢笔"工具，选中属性栏中的"路径"按钮，在图像窗口中拖曳鼠标绘制多个闭合路径。按 Ctrl+Enter 组合键将路径转化为选区。按 Alt+Delete 组合键，用前景色填充选区，按 Ctrl+D 组合键取消选区，效果如图 5-115 所示。饮水机宣传单制作完成，效果如图 5-116 所示。

图 5-115　　　　　　　　　　图 5-116

5.3.4 【相关工具】

"图层"控制面板中文字图层的效果如图 5-117 所示，选择"图层 > 栅格化 > 文字"命令，可以将文字图层转换为图像图层，如图 5-118 所示。也可用鼠标右键单击文字图层，在弹出的菜单中选择"栅格化文字"命令。

图 5-117　　　　　　　　　　图 5-118

5.3.5 【实战演练】制作促销宣传单

使用渐变工具和添加图层蒙版命令制作背景效果。使用文字工具、栅格化文字命令和钢笔工具制作标题文字。使用文字工具输入宣传性文字。最终效果参看光盘中的"Ch05 > 效果 > 制作促销宣传单"，如图 5-119 所示。

5.4 综合演练——制作模特大赛宣传单

5.4.1 【案例分析】

模特作为走在时尚与艺术前端的代表职业，吸引了大批追求时尚的年轻人的追捧。本案例是为某模特大赛制作的宣传单，要求制作出时尚大气的艺术风格。

图 5-119

5.4.2 【设计理念】

宣传单的背景使用黑色和紫色搭配，充满魅惑感，立体化的文字突出震撼的效果，搭配皇冠和装饰图形展现出熠熠生辉、时尚流行的宣传主题。右侧的模特与整个设计融为一体，在突出主题的同时，充满时尚和梦幻的印象。

5.4.3 【知识要点】

使用文字工具输入文字。使用渐变工具和添加图层样式命令制作标题文字效果。使用椭圆工具、羽化命令和添加图层样式命令制作发光效果。最终效果参看光盘中的"Ch05 > 效果 > 制作模特大赛宣传单"，如图 5-120 所示。

图 5-120

5.5 综合演练——制作旅游胜地宣传单

5.5.1 【案例分析】

旅游是现在最热门的休闲放松方式，得到许多人的喜爱。本案例是为某旅游风景地制作的宣传单，设计要求能够以最直接方式达到宣传此地的效果，使人印象深刻。

5.5.2 【设计理念】

宣传单的背景使用海滩与大海拼接的照片作为主体，在突出宣传主题的同时，让人一目了然，印象深刻；丰富的画面内容，明亮艳丽的色彩，形成强烈的视觉冲击；图文的自然搭配，饱满且引人注目，宣传性强。

5.5.3 【知识要点】

使用色阶命令调整图片颜色，使用移动工具添加素材图片，使用图层蒙版按钮和渐变工具制作图片的合成效果，使用描边命令为文字添加描边效果。最终效果参看光盘中的"Ch05 > 效果 > 制作旅游胜地宣传单"，如图 5-121 所示。

图 5-121

第6章 广告设计

广告以多种形式出现在城市中，它是城市商业发展的写照。广告一般通过电视、报纸、霓虹灯等媒体来发布。好的广告能强化视觉冲击力，抓住观众的视线。本章以制作多种题材的广告为例，介绍广告的设计方法和制作技巧。

课堂学习目标

- 掌握广告的设计思路和表现手段
- 掌握广告的制作方法和技巧

6.1 制作结婚戒指广告

6.1.1 【案例分析】

女性对戒指的追求一直非常热烈，目前复古的形式越发流行，本例是为某珠宝品牌制作的新款复古戒指的宣传单，设计要求体现时尚的奢华之感。

6.1.2 【设计理念】

在设计思路上，通过蓝、绿、黄的渐变搭配营造出优雅浪漫的氛围，时尚的模特使画面丰富活跃，文字设计简单却独特，整体设计使人印象深刻。最终效果参看光盘中的"Ch06 > 效果 > 制作结婚戒指广告"，如图6-1所示。

图6-1

6.1.3 【操作步骤】

1. 制作背景图片

步骤 1 按 Ctrl+O 组合键，打开光盘中的"Ch06 > 素材 > 制作结婚戒指广告 > 01"文件，如图 6-2 所示。按 Ctrl+O 组合键，打开光盘中的"Ch06 > 素材 > 制作结婚戒指广告 > 02"文件，选择"移动"工具，将 02 图片拖曳到 01 图像窗口中适当的位置并调整其大小，效果如图 6-3 所示，在"图层"控制面板中生成新的图层并将其命名为"人物"。

步骤 2 单击"图层"控制面板下方的"添加图层样式"按钮 *fx.*，在弹出的菜单中选择"外发

"光"命令，弹出对话框，选项的设置如图 6-4 所示，单击"确定"按钮，效果如图 6-5 所示。

图 6-2

图 6-3

图 6-4

图 6-5

步骤 3　单击"图层"控制面板下的"创建新组"按钮，形成新的图层组，并将其命名为"戒指"。按 Ctrl+O 组合键，打开光盘中的"Ch06 > 素材 > 制作结婚戒指广告 > 03"文件。选择"移动"工具，将图片拖曳到图像窗口中适当的位置，效果如图 6-6 所示，在"图层"控制面板中生成新的图层并将其命名为"水晶心"。

步骤 4　在"图层"控制面板中，将"水晶心"图层的混合模式选项设为"叠加"，图像效果如图 6-7 所示。

图 6-6

图 6-7

2. 添加并编辑图片

步骤 1　按 Ctrl+O 组合键，打开光盘中的"Ch06 > 素材 > 制作结婚戒指广告 > 04"文件。选择"移动"工具，将图片拖曳到图像窗口中适当的位置，效果如图 6-8 所示，在"图层"控制面板中生成新的图层并将其命名为"戒指"。

步骤 2　按 Ctrl+J 组合键，复制"戒指"图层，生成新的图层并将其命名为"投影"。按 Ctrl+T 组合键，图片周围出现变换框，在变换框中单击鼠标右键，在弹出的快捷菜单中分别选择"水平翻转"和"垂直翻转"命令,将图像水平并垂直翻转,向下拖曳图片到适当的位置,按 Enter 键确定操作,效果如图 6-9 所示。

图 6-8　　　　　　　　　　　　　　　　图 6-9

步骤 3 按住 Ctrl 键的同时,单击"投影"图层的缩览图,图像周围生成选区,如图 6-10 所示。将前景色设为黑色,按 Alt+Delete 组合键,用前景色填充选区,按 Ctrl+D 组合键,取消选区,效果如图 6-11 所示。

图 6-10　　　　　　　　　　　　　　　　图 6-11

步骤 4 在"图层"控制面板中,将"投影"图层拖曳到"戒指"图层的下方,效果如图 6-12 所示。在"图层"控制面板中,将"投影"图层的"不透明度"选项设为 19%,如图 6-13 所示,效果如图 6-14 所示。

图 6-12　　　　　　　　　图 6-13　　　　　　　　　图 6-14

步骤 5 单击"图层"控制面板下方的"添加图层蒙版"按钮 ，为"投影"图层添加蒙版,如图 6-15 所示。选择"渐变"工具 ，单击属性栏中的"点按可编辑渐变"按钮 ，弹出"渐变编辑器"对话框,将渐变色设为从黑色到白色,如图 6-16 所示,在图像窗口中从下向上拖曳渐变色,效果如图 6-17 所示。

步骤 6 按住 Shift 键的同时,用鼠标单击"戒指"图层,将"投影"图层和"戒指"图层同时选取,拖曳到控制面板下方的"创建新图层"按钮 上进行复制,生成新的副本图层,如图 6-18 所示。选择"移动"工具 ，在图像窗口中拖曳复制的图片到适当的位置并调整其

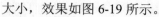

大小，效果如图 6-19 所示。

图 6-15　　　　　　　　　　　图 6-16

图 6-17　　　　　　　图 6-18　　　　　　　图 6-19

步骤 7　将前景色设为白色。选择"横排文字"工具 T.，分别输入需要的文字，选择"移动"
　　　　工具 ，在属性栏中分别选择合适的字体并设置文字大小，填充需要的文字颜色，效果如图
　　　　6-20 所示。在控制面板中分别生成新的文字图层。

步骤 8　选择文字图层"Diamond ring"。单击"图层"控制面板下方的"添加图层样式"按钮 fx.，
　　　　在弹出的菜单中选择"描边"命令，弹出对话框，将描边颜色设为白色，其他选项的设置如
　　　　图 6-21 所示，单击"确定"按钮，效果如图 6-22 所示。结婚戒指广告制作完成。

图 6-20　　　　　　　　　　图 6-21　　　　　　　　　　图 6-22

6.1.4　【相关工具】

1. 添加图层蒙版

单击"图层"控制面板下方的"添加图层蒙版"按钮 可以创建一个图层的蒙版，如图 6-23

所示。按住 Alt 键的同时单击"图层"控制面板下方的"添加图层蒙版"按钮 ，可以创建一个遮盖图层全部的蒙版，如图 6-24 所示。

选择"图层 > 图层蒙版 > 显示全部"命令，可显示图层中的全部图像。选择"图层 > 图层蒙版 > 隐藏全部"命令，可将图层中的图像全部遮盖。

图 6-23   图 6-24

2. 隐藏图层蒙版

按住 Alt 键的同时单击图层蒙版缩览图，图像窗口中的图像将被隐藏，只显示图层蒙版缩览图中的效果，如图 6-25 所示，"图层"控制面板中的效果如图 6-26 所示。按住 Alt 键的同时，再次单击图层蒙版缩览图，将恢复图像窗口中的图像效果。按住 Alt+Shift 组合键的同时，单击图层蒙版缩览图，将同时显示图像和图层蒙版中的内容。

图 6-25   图 6-26

3. 图层蒙版的链接

在"图层"控制面板中，图层缩览图与图层蒙版缩览图之间存在链接图标 🔗。当图层图像与蒙版关联时，移动图像时蒙版会同步移动，单击链接图标 🔗 将不显示此图标，可以分别对图像与蒙版进行操作。

4. 应用及删除图层蒙版

在"通道"控制面板中双击"图层 1 蒙版"通道，弹出"图层蒙版显示选项"对话框，如图 6-27 所示，在对话框中可以对蒙版的颜色和不透明度进行设置。

选择"图层 > 图层蒙版 > 停用"命令或按住 Shift 键的同时单击"图层"控制面板中的图层蒙版缩览图，图层蒙版被停用，如图 6-28 所示，图像将全部显示，效果如图 6-29 所示。按住 Shift 键的同时再次单击图层蒙版缩览图，将恢复图层蒙版效果。

选择"图层 > 图层蒙版 > 删除"命令，或在图层蒙版缩览图上单击鼠标右键，在弹出的快捷菜单中选择"删除图层蒙版"命令，可以将图层蒙版删除。

图 6-27

图 6-28

图 6-29

5. 替换颜色

替换颜色命令能够将图像中的颜色进行替换。原始图像效果如图 6-30 所示，选择"图像 > 调整 > 替换颜色"命令，弹出"替换颜色"对话框。用吸管工具在杯子中的果汁图像中吸取要替换的红色，单击"替换"选项组中的"结果"选项的颜色图标，弹出"选择目标颜色"对话框，将要替换的颜色设置为粉色，设置"替换"选项组的色相、饱和度和明度选项，如图 6-31 所示。单击"确定"按钮，红色的果汁和西红柿被替换为粉色，效果如图 6-32 所示。

图 6-30

图 6-31

图 6-32

选区：用于设置"颜色容差"的数值，数值越大，吸管工具取样的颜色范围越大，在"替换"选项组中调整图像颜色的效果越明显。选中"选区"单选项可以创建蒙版。

6.1.5 【实战演练】制作钻戒广告

使用矩形工具、添加图层样式命令和剪切蒙版命令制作人物效果，使用横排文字工具输入宣传性文字。使用复制命令和添加图层蒙版命令制作戒指的投影效果。最终效果参看光盘中的"Ch06 > 效果 > 制作钻戒广告"，如图 6-33 所示。

图 6-33

6.2 制作电视机广告

6.2.1 【案例分析】

液晶电视是现代家庭生活的必备物品，目前市面上的液晶电视品牌种类丰富多样，所以品牌之间的竞争也越来越激烈，本案例是为电器公司制作的液晶电视广告，要求展现出不断进取、技术革新的技术和特色。

6.2.2 【设计理念】

在设计制作过程中，蓝色天空作为画面的背景，通过简单的手法展现出品牌的高质和时尚感，直接明确地宣传了产品的特色和技术，简单的文字和图片编排使画面看起来整齐有序。最终效果参看光盘中的"Ch06 > 效果 > 制作液晶电视广告"，如图 6-34 所示。

图 6-34

6.2.3 【操作步骤】

1. 制作背景效果

步骤 1 按 Ctrl+O 组合键，打开光盘中的"Ch06 > 素材 > 制作液晶电视广告 > 01"文件，效果如图 6-35 所示。将"背景"图层拖曳到控制面板下方的"创建新图层"按钮 上进行复制，生成新的副本图层"背景 副本"，如图 6-36 所示。

图 6-35

图 6-36

步骤 2 选择"滤镜 > 画笔描边 > 喷溅"命令，在弹出的对话框中进行设置，如图 6-37 所示。单击"确定"按钮，效果如图 6-38 所示。

步骤 3 选择"滤镜 > 纹理 > 纹理化"命令，在弹出的对话框中进行设置，如图 6-39 所示。单击"确定"按钮，效果如图 6-40 所示。

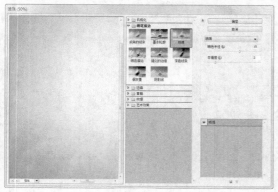

图 6-37　　　　　　　　　　　　　　　　　图 6-38

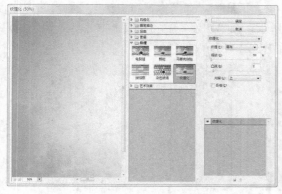

图 6-39　　　　　　　　　　　　　　　　　图 6-40

步骤 4　单击控制面板下方的"添加图层蒙版"按钮 ，为"背景 副本"图层添加蒙版。选择
　　　　"渐变"工具，单击属性栏中的"点按可编辑渐变"按钮，弹出"渐变编辑器"
　　　　对话框，将渐变色设为从白色到黑色，如图 6-41 所示，单击"确定"按钮。在属性栏中单击
　　　　"线性渐变"按钮，在图像窗口中从中间向四周拖曳渐变色，效果如图 6-42 所示。在控制面
　　　　板上方，将该图层的混合模式选项设为"正片叠底"，图像效果如图 6-43 所示。

图 6-41　　　　　　　　　图 6-42　　　　　　　　　图 6-43

步骤 5　按 Ctrl+O 组合键，打开光盘中的"Ch06 > 素材 > 制作液晶电视广告 > 02"文件，选
　　　　择"移动"工具，将 02 图片拖曳到图像窗口中适当的位置，效果如图 6-44 所示。在"图
　　　　层"控制面板中生成新的图层并将其命名为"云"。

步骤 6　在"图层"控制面板中，将"云"图层的混合模式选项设为"明度"，"不透明度"选项

设为 70%，如图 6-45 所示，效果如图 6-46 所示。

图 6-44　　　　　　图 6-45　　　　　　图 6-46

步骤 7　将"云"图层拖曳到"图层"控制面板下方的"创建新图层"按钮 上进行复制，生成新的副本图层"云 副本"。选择"移动"工具，在图像窗口中拖曳复制出的图片到适当的位置并调整其大小，效果如图 6-47 所示。在"图层"控制面板上方，将"云 副本"图层的"不透明度"选项设为 30%，效果如图 6-48 所示。

图 6-47　　　　　　　　　　　　图 6-48

步骤 8　新建图层并将其命名为"圆"。将前景色设为白色。选择"椭圆"工具，单击属性栏中的"填充像素"按钮，按住 Shift 键的同时，在图像窗口中分别绘制多个圆形，效果如图 6-49 所示。在"图层"控制面板上方，将"圆形"图层的"不透明度"选项设为 10%，效果如图 6-50 所示。

图 6-49　　　　　　　　　　　　图 6-50

2. 添加并编辑图片

步骤 1　按 Ctrl+O 组合键，打开光盘中的"Ch06 > 素材 > 制作液晶电视广告 > 03"文件，选择"移动"工具，将图片拖曳到图像窗口中适当的位置并调整其大小，效果如图 6-51 所示，在"图层"控制面板中生成新的图层并将其命名为"电视"。

步骤 2　按 Ctrl+T 组合键，在图形周围出现变换框，在变换框中单击鼠标右键，在弹出的菜单中选择"水平翻转"命令，水平翻转图片，按 Enter 键确认操作，效果如图 6-52 所示。

图 6-51　　　　　　　　　　　　　　　　　　图 6-52

步骤 ③　选择"魔棒"工具 ，在黑色屏幕图像上单击鼠标左键，生成选区，如图 6-53 所示。新建图层并将其命名为"屏幕"。将前景色设为黑色。按 Alt+Delete 组合键，用前景色填充选区，按 Ctrl+D 组合键，取消选区，效果如图 6-54 所示。

图 6-53　　　　　　　　　　　　　　　　　　图 6-54

步骤 ④　按 Ctrl+O 组合键，打开光盘中的"Ch06> 素材 > 制作液晶电视广告 >04"文件，选择"移动"工具 ，将图片拖曳到图像窗口中适当的位置，效果如图 6-55 所示，在"图层"控制面板中生成新的图层并将其命名为"图片"。

步骤 ⑤　按 Ctrl+T 组合键，在图形周围出现变换框，在变换框中单击鼠标右键，在弹出的菜单中选择"扭曲"命令，并用鼠标向下拖曳变换框右下角的控制手柄到适当的位置，如图 6-56 所示，用相同的方法拖曳右上角的控制手柄到适当的位置，按 Enter 键确认操作，效果如图 6-57 所示。

图 6-55　　　　　　　　　　图 6-56　　　　　　　　　　图 6-57

步骤 ⑥　按 Ctrl+Alt+G 组合键，为该图层创建剪贴蒙版，效果如图 6-58 所示。将前景色设为黑色。新建图层并将其命名为"投影"。选择"椭圆选框"工具 ，在适当的位置拖曳鼠标绘制椭圆选区，如图 6-59 所示。

步骤 ⑦　按 Shift+F6 组合键，弹出"羽化选区"对话框，选项的设置如图 6-60 所示，单击"确定"按钮，效果如图 6-61 所示。按 Alt+Delete 组合键，用前景色填充选区，按 Ctrl+D 组合键，取消选区，效果如图 6-62 所示。

图 6-58

图 6-59

图 6-60

图 6-61

图 6-62

步骤 **8** 在"图层"控制面板中，将"投影"图层拖曳到"电视"图层的下方，如图 6-63 所示，效果如图 6-64 所示。

步骤 **9** 选择"图片"图层。按 Ctrl+O 组合键，打开光盘中的"Ch06 > 素材 > 制作液晶电视广告 > 05"文件，选择"移动"工具，将图片拖曳到图像窗口中适当的位置并调整其大小，效果如图 6-65 所示，在"图层"控制面板中生成新的图层并将其命名为"鸟"。

图 6-63

图 6-64

图 6-65

步骤 **10** 选择"加深"工具，在属性栏中选择需要的画笔形状，单击"范围"选项右侧的按钮，在弹出的下拉列表中选择"中间调"，将"曝光度"选项设为 50%，如图 6-66 所示，在图像窗口中树干的部分进行涂抹，效果如图 6-67 所示。

图 6-66

图 6-67

步骤 11 选择"减淡"工具 ，在属性栏中选择需要的画笔形状，单击"范围"选项右侧的按钮 ，在弹出的下拉列表中选择"中间调"，将"曝光度"选项设为50%，如图 6-68 所示，在图像窗口中树干的部分进行涂抹，效果如图 6-69 所示。

图 6-68

图 6-69

步骤 12 单击"图层"控制面板下方的"添加图层样式"按钮 *fx*，在弹出的菜单中选择"投影"命令，在弹出的对话框中进行设置，如图 6-70 所示，单击"确定"按钮，效果如图 6-71 所示。

步骤 13 按 Ctrl+O 组合键，打开光盘中的"Ch06 > 素材 > 制作液晶电视广告 > 06"文件，选择"移动"工具 ，将文字图片拖曳到图像窗口中适当的位置，效果如图 6-72 所示，在"图层"控制面板中生成新的图层并将其命名为"文字"。液晶电视广告制作完成。

图 6-70

图 6-71

图 6-72

6.2.4 【相关工具】

1. 纹理滤镜组

纹理滤镜可以使图像中各颜色之间产生过渡变形的效果。纹理滤镜的子菜单如图 6-73 所示。原图像及应用纹理滤镜组制作的图像效果如图 6-74 所示。

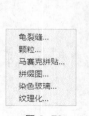

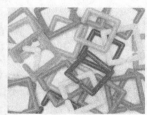

图 6-73   原图   龟裂缝   颗粒

图 6-74

马赛克拼贴

拼缀图

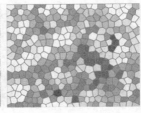
染色玻璃

纹理化

图 6-74（续）

2. 画笔描边滤镜组

画笔描边滤镜对 CMYK 和 Lab 颜色模式的图像都不起作用。画笔描边滤镜的子菜单如图 6-75 所示。原图像及应用画笔描边滤镜组制作的图像效果如图 6-76 所示。

图 6-75

图 6-76

3. 加深工具

选择"加深"工具，或反复按 Shift+O 组合键，属性栏状态如图 6-77 所示。其属性栏中的选项内容与减淡工具属性栏选项内容的作用正好相反。

图 6-77

使用加深工具：启用"加深"工具 ，在属性栏中按如图 6-78 所示进行设定。在图像中单击并按住鼠标左键，拖曳鼠标使图像产生加深的效果。原图像和加深后的图像效果如图 6-79 和图 6-80 所示。

图 6-78　　　　　　　　　　　　图 6-79　　　　　图 6-80

4. 减淡工具

选择"减淡"工具 ，或反复按 Shift+O 组合键，属性栏状态如图 6-81 所示。

图 6-81

"范围"选项用于设定图像中所要提高亮度的区域；"曝光度"选项用于设定曝光的强度。

使用减淡工具：选择"减淡"工具 ，在属性栏中按如图 6-82 所示进行设定，在图像中单击并按住鼠标左键，拖曳鼠标使图像产生减淡的效果。原图像和减淡后的图像效果如图 6-83 和图 6-84 所示。

图 6-82　　　　　　　　　　　　图 6-83　　　　　图 6-84

6.2.5 【实战演练】制作豆浆机广告

使用纹理化命令和图层混合模式命令制作背景效果。使用加深工具和减淡工具分别制作出豆浆的阴影和高光部分。使用文字工具输入宣传性文字。使用自由变换命令制作标题文字效果。最终效果参看光盘中的"Ch06 > 效果 > 制作豆浆机广告"，如图 6-85 所示。

图 6-85

6.3 制作雪糕广告

6.3.1 【案例分析】

雪糕由于其口感顺滑、口味丰富并且具有营养价值而受到人们的欢迎和喜爱，尤其是夏天，雪糕是解暑的必备品。本例是为某食品公司制作的雪糕广告，要求着重宣传新产品的美味。

6.3.2 【设计理念】

在设计制作过程中，使用旋转的线条和喷溅的牛奶图片形成视觉中心，达到烘托气氛和介绍产品的作用。使用产品图片展示出雪糕的特色，并使版面设计产生空间变化。通过降低透明度的文字使画面看起来更加凉爽舒适。最终效果参看光盘中的"Ch06 > 效果 > 制作雪糕广告"，如图 6-86 所示。

图 6-86

6.3.3 【操作步骤】

1. 制作背景装饰图

步骤 1 按 Ctrl+O 组合键，打开光盘中的"Ch06 > 素材 > 制作雪糕广告 > 01"文件，效果如图 6-87 所示。将前景色设为白色。新建图层并将其命名为"波纹"。选择"画笔"工具，在属性栏中单击"画笔"选项右侧的按钮·，弹出画笔选择面板，在画笔选择面板中需要的画笔形状，其他选项的设置如图 6-88 所示。按住 Shift 键的同时在适当的位置绘制图形，效果如图 6-89 所示。

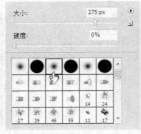
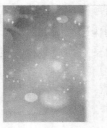

图 6-87   图 6-88   图 6-89

步骤 2 选择"滤镜 > 扭曲 > 旋转扭曲"命令，在弹出的对话框中进行设置，如图 6-90 所示，单击"确定"按钮。选择"滤镜 > 模糊 > 高斯模糊"命令，在弹出的对话框中进行设置，如图 6-91 所示。单击"确定"按钮，效果如图 6-92 所示。选择"移动"工具 ，将图形拖曳到图像窗口中适当的位置，效果如图 6-93 所示。

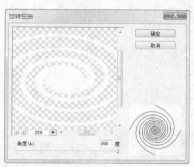

图 6-90　　　　　　　　　　　　　　　图 6-91

图 6-92　　　　　　　　　　　　　　　图 6-93

2. 添加并编辑图片和标志

步骤 1　按 Ctrl+O 组合键，打开光盘中的"Ch06 > 素材 > 制作雪糕广告 > 02、03"文件。选择"移动"工具 ，分别将图片拖曳到图像窗口中适当的位置，效果如图 6-94 所示。在"图层"控制面板中生成新的图层并将其命名为"云"、"雪糕"。

步骤 2　选择"雪糕"图层。选择"图像 > 调整 > 色相/饱和度"命令，弹出"色相/饱和度"对话框，选项的设置如图 6-95 所示。单击"确定"按钮，效果如图 6-96 所示。

图 6-94

图 6-95

图 6-96

步骤 3 按 Ctrl+O 组合键，打开光盘中的"Ch06 > 素材 > 制作雪糕广告 > 03"文件。选择"移动"工具 ，将图片拖曳到图像窗口中适当的位置。在"图层"控制面板中生成新的图层并将其命名为"雪糕 副本"。按 Ctrl+T 组合键，图形周围出现变换框，将鼠标指针放在变换框控制手柄的附近，指针变为旋转图标 ，拖曳鼠标将图形旋转到适当的角度，按 Enter 键确定操作，效果如图 6-97 所示。

步骤 4 按 Ctrl+J 组合键，复制"雪糕 副本"图层，生成新的图层"雪糕 副本 2"，如图 6-98 所示。按 Ctrl+T 组合键，图形周围出现变换框，将鼠标光标放在变换框控制手柄的附近，光标变为旋转图标 ，拖曳鼠标将图形旋转到适当的角度，并调整其位置，按 Enter 键确定操作，效果如图 6-99 所示。

图 6-97　　　　　　　　图 6-98　　　　　　　　图 6-99

步骤 5 选择"图像 > 调整 > 色相/饱和度"命令，弹出"色相/饱和度"对话框，在对话框中进行设置，如图 6-100 所示。单击"确定"按钮，效果如图 6-101 所示。

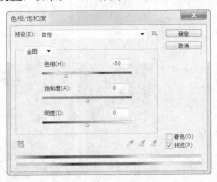

图 6-100　　　　　　　　　图 6-101

步骤 6 按 Ctrl+O 组合键，打开光盘中的"Ch06 > 素材 > 制作雪糕广告 > 04"文件。选择"移动"工具 ，将图片拖曳到图像窗口中的适当位置，效果如图 6-102 所示。在"图层"控制面板中生成新的图层并将其命名为"牛奶"。

步骤 7 在"图层"控制面板中，将"牛奶"图层拖曳到"雪糕"图层的下方，如图 6-103 所示，效果如图 6-104 所示。

步骤 8 按 Ctrl+O 组合键，打开光盘中的"Ch06 > 素材 > 制作雪糕广告 > 05、06"文件。选择"移动"工具 ，分别将图片拖曳到图像窗口中的适当位置，效果如图 6-105 所示。在"图层"控制面板中生成新的图层并将其命名为"装饰"、"文字"。雪糕广告制作完成。

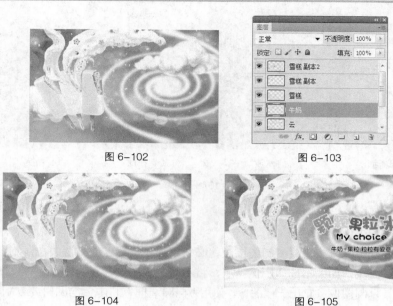

图 6-102   图 6-103

图 6-104   图 6-105

6.3.4 【相关工具】

1. 扭曲滤镜组

扭曲滤镜可以使图像生成一组从波纹到扭曲的变形效果。扭曲滤镜的子菜单如图 6-106 所示。原图像及应用扭曲滤镜组制作的图像效果如图 6-107 所示。

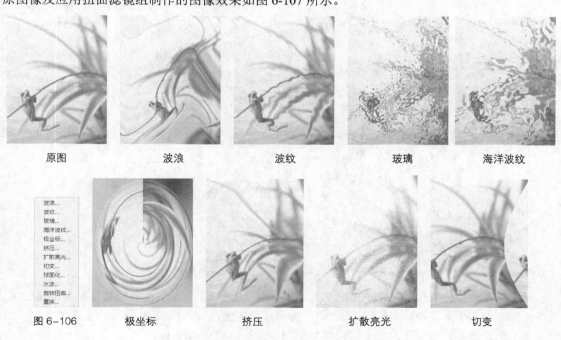

原图   波浪   波纹   玻璃   海洋波纹

图 6-106   极坐标   挤压   扩散亮光   切变

图 6-107

球面化　　　　　　　水波　　　　　　旋转扭曲　　　　　　置换

图 6-107（续）

2. 图像的复制

要想在操作过程中随时按需要复制图像，就必须掌握复制图像的方法。在复制图像前，要选择需要复制的图像区域，如果不选择图像区域，将不能复制图像。复制图像，有以下几种方法。

使用移动工具复制图像：打开一幅图像，使用"椭圆选框"工具 绘制出要复制的图像区域，效果如图 6-108 所示。选择"移动"工具 ，将光标放在选区中，光标变为 图标，如图 6-109 所示，按住 Alt 键，光标变为 图标，如图 6-110 所示，单击并按住鼠标左键，拖曳选区内的图像到适当的位置，松开鼠标左键和 Alt 键，图像复制完成。按 Ctrl+D 组合键，取消选区，效果如图 6-111 所示。

图 6-108　　　　　　　　　　　　　　　图 6-109

图 6-110　　　　　　　　　　　　　　　图 6-111

使用菜单命令复制图像：打开一幅图像，使用"椭圆选框"工具 绘制出要复制的图像区域，效果如图 6-112 所示，选择"编辑 > 拷贝"命令或按 Ctrl+C 组合键，将选区内的图像复制。这时屏幕上的图像并没有变化，但系统已将复制的图像粘贴到剪贴板中。

选择"编辑 > 粘贴"命令或按 Ctrl+V 组合键，将选区内的图像粘贴在生成的新图层中，这样复制的图像就在原图的上面一层了，使用"移动"工具 移动复制的图像，效果如图 6-113 所示。

图 6-112　　　　　　　　　　　　　　　图 6-113

　　使用快捷键复制图像：打开一幅图像，使用"椭圆选框"工具 ◯ 绘制出要复制的图像区域，效果如图 6-114 所示。按住 Ctrl+Alt 组合键，光标变为 ▶▶ 图标，效果如图 6-115 所示，同时单击并按住鼠标左键，拖曳选区内的图像到适当的位置，松开鼠标左键、Ctrl 键和 Alt 键，图像复制完成。按 Ctrl+D 组合键，取消选区，效果如图 6-116 所示。

图 6-114　　　　　　　　　　图 6-115　　　　　　　　　　图 6-116

3. 图像的移动

　　移动工具可以将图层中的整幅图像或选定区域中的图像移动到指定位置。启用"移动"工具 ▶⊕，有以下几种方法。

　　选择"移动"工具 ▶⊕，或按 V 键，其属性栏状态如图 6-117 所示。

图 6-117

　　在移动工具属性栏中，"自动选择"选项用于自动选择光标所在的图像层；"显示变换控件"选项用于对选取的图层进行各种变换。属性栏中还提供了几种图层排列和分布方式的按钮。

　　在移动图像前，要选择移动的图像区域，如果不选择图像区域，将移动整个图像。移动图像，有以下几种方法。

　　使用移动工具移动图像：打开一幅图像，使用"矩形选框"工具 ▢ 绘制出要移动的图像区域，效果如图 6-118 所示，选择"移动"工具 ▶⊕，将指针放在选区中，指针变为 ▶✂ 图标，效果如图 6-119 所示，单击并按住鼠标左键，拖曳鼠标到适当的位置，选区内的图像被移动，原来的选区位置被背景色填充，效果如图 6-120 所示。按 Ctrl+D 组合键，取消选区，移动完成。

图 6-118

图 6-119　　　　　　　　　　　图 6-120

使用菜单命令移动图像：打开一幅图像，使用"椭圆选框"工具 绘制出要移动的图像区域，效果如图 6-121 所示，选择"编辑 > 剪切"命令或按 Ctrl+X 组合键，选区被背景色填充，效果如图 6-122 所示。

选择"编辑 > 粘贴"命令或按 Ctrl+V 组合键，将选区内的图像粘贴在图像的新图层中，使用"移动"工具 可以移动新图层中的图像，效果如图 6-123 所示。

图 6-121　　　　　　　　　　　图 6-122

图 6-123

使用快捷键移动图像：打开一幅图像，使用"椭圆选框"工具 绘制出要移动的图像区域，效果如图 6-124 所示。选择"移动"工具 ，按 Ctrl+方向组合键，可以将选区内的图像沿移动方向移动 1 像素，效果如图 6-125 所示；按 Shift+方向组合键，可以将选区内的图像沿移动方向移动 10 像素，效果如图 6-126 所示。

图 6-124　　　　　　　　　图 6-125　　　　　　　　　图 6-126

6.3.5 【实战演练】制作购物广告

使用扭曲滤镜命令制作背景效果。使用魔棒工具和色相/饱和度命令修改人物皮肤、衣服、墨镜和购物袋的颜色。最终效果参看光盘中的"Ch06 > 效果 > 制作购物广告",如图 6-127 所示。

图 6-127

6.4 综合演练——制作笔记本广告

6.4.1 【案例分析】

本例是为某电脑公司制作的笔记本宣传广告,笔记本已经成为许多人必备的办公学习用品,设计要求以简洁的手法体现最新产品的技术与特色。

6.4.2 【设计理念】

在设计制作过程中,广告的背景使用深蓝色的渐变,渐变中心展示产品,突出对产品的展示和推荐。周围有线条的装饰围绕产品,整个画面围绕主题。文字在画面右侧,信息明确,整个画面简洁直观,给人技术前卫的感觉。

6.4.3 【知识要点】

使用图层混合模式命令和渐变工具制作背景效果,使用添加图层样式命令和剪贴蒙版命令制作笔记本电脑效果。使用矩形选框工具和羽化命令制作阴影效果。使用文字工具添加宣传性文字。最终效果参看光盘中的"Ch06 > 效果 > 制作笔记本广告",如图 6-128 所示。

图 6-128

6.5 综合演练——制作化妆品广告

6.5.1 【案例分析】

本例是为某化妆品公司制作的化妆品宣传广告，化妆品的主要消费群体为女性，所以设计要求体现女性柔美的气质，并且能够宣传新产品的特色。

6.5.2 【设计理念】

在设计制作过程中，广告的背景是在波光粼粼的水中，展现出产品保湿、通透的特性。使用玻璃鱼缸象征着化妆品的天然、纯粹。使用白色的说明文字，整个画面干净清爽，不同蓝色的搭配使用，丰富了画面的层次，独具特色。

6.5.3 【知识要点】

使用渐变工具绘制背景效果。使用添加图层蒙版命令和渐变工具制作图片的渐隐效果。使用混合模式选项、不透明度选项制作图片融合效果。使用画笔工具擦除不需要的图像。使用横排文字工具添加宣传文字。最终效果参看光盘中的"Ch06 > 效果 > 制作化妆品广告"，如图6-129 所示。

图 6-129

第7章 包装设计

包装代表着一个商品的品牌形象，好的包装设计可以让商品在同类产品中脱颖而出，吸引消费者的注意力并引发其购买行为，也可以起到美化商品及传达商品信息的作用，更可以极大地提高商品的价值。本章以制作多个类别的商品包装为例，介绍包装的设计方法和制作技巧。

 课堂学习目标

- 掌握包装的设计定位和设计思路
- 掌握包装的制作方法和技巧

7.1 制作咖啡包装

7.1.1 【案例分析】

咖啡是现代人休闲生活的重要饮品之一，它的品种丰富、口味繁多，各种品牌琳琅满目。好的包装能够使产品在众多品牌中脱颖而出，本例是为某咖啡公司制作的产品包装，设计要求体现该品牌咖啡的独特之处。

7.1.2 【设计理念】

在设计制作过程中，整体包装以咖啡色为主，与喷溅的浓稠液体展现出可口、浓郁的产品特点；暗红色的包装以直观的方式传达出产品的相关信息；咖啡豆以及冲泡好的一杯咖啡，在点明主题的同时，达到了宣传的效果。最终效果参看光盘中的"Ch07 > 效果 > 制作咖啡包装"，如图 7-1 所示。

图 7-1

7.1.3 【操作步骤】

1. 制作包装平面图效果

步骤 1 按 Ctrl+N 组合键，新建一个文件，宽度为 56cm，高度为 30cm，分辨率为 300 像素/英寸，颜色模式为 RGB，背景内容为白色，单击"确定"按钮。选择"视图 > 新建参考线"命令，弹出"新建参考线"对话框，选项的设置如图 7-2 所示，单击"确定"按钮，效果如

图 7-3 所示。用相同的方法，在 24.1cm、28.7cm、51.1cm 处分别新建垂直参考线，效果如图 7-4 所示。

图 7-2

图 7-3

图 7-4

步骤 2 选择"视图 > 新建参考线"命令，弹出"新建参考线"对话框，选项的设置如图 7-5 所示，单击"确定"按钮，效果如图 7-6 所示。用相同的方法，在 7.5cm、22.4cm、28cm 处分别新建垂直参考线，效果如图 7-7 所示。

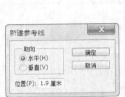

图 7-5

图 7-6

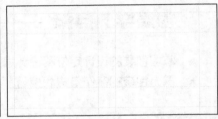

图 7-7

步骤 3 将前景色设为咖啡色（其 R、G、B 的值分别为 84、16、15）。新建图层并将其命名为"背景形状"。选择"钢笔"工具 ✐，选中属性栏中的"路径"按钮 ⬜，拖曳鼠标绘制一个闭合路径，如图 7-8 所示。按 Ctrl+Enter 组合键，将路径转换为选区。按 Alt+Delete 组合键，用前景色填充图层。按 Ctrl+D 组合键，取消选区，效果如图 7-9 所示。

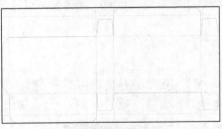

图 7-8

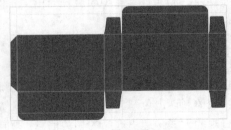

图 7-9

步骤 4 新建图层并将其命名为"渐变"。选择"矩形选框"工具 ⬚，绘制一个矩形选区，如图 7-10 所示。选择"渐变"工具 ▨，单击属性栏中的"点按可编辑渐变"按钮 ▬▬▬，弹出"渐变编辑器"对话框，在"位置"选项中分别输入 0、29、100 几个位置点，并分别设置这几个位置点颜色的 RGB 值为 0（28、0、0）、29（58、16、16）、100（131、33、11），如图 7-11 所示，单击"确定"按钮。按住 Shift 键的同时，在选区中从下向上拖曳渐变色，填充选区。按 Ctrl+D 组合键，取消选区，效果如图 7-12 所示。

步骤 5 按 Ctrl+O 组合键，打开光盘中的"Ch07 > 素材 > 制作咖啡包装 > 01"文件，选择"移动"工具 ▸♦，将图片拖曳到图像窗口中的适当位置，如图 7-13 所示。在"图层"控制面板中生成新的图层并将其命名为"底图"，如图 7-14 所示。

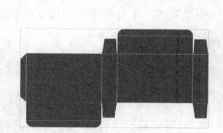

图 7-10　　　　　　　　　　图 7-11

图 7-12　　　　　　　　图 7-13　　　　　　　　图 7-14

步骤 6　选择"滤镜 > 模糊 > 动感模糊"命令，在弹出的对话框中进行设置，如图 7-15 所示，单击"确定"按钮，效果如图 7-16 所示。

图 7-15　　　　　　　　　　图 7-16

步骤 7　在"图层"控制面板上方，将"底图"图层的混合模式选项设为"柔光"，"不透明度"选项设为 60%，如图 7-17 所示，效果如图 7-18 所示。

图 7-17　　　　　　　　　　图 7-18

步骤 8 按 Ctrl+O 组合键，打开光盘中的"Ch07 > 素材 > 制作咖啡包装 > 02"文件，选择"移动"工具 ，将图片拖曳到图像窗口中的适当位置。在"图层"控制面板中生成新的图层并将其命名为"咖啡豆"。按 Ctrl+T 组合键，图像周围出现控制手柄，拖曳鼠标调整图像的大小，按 Enter 键确认操作，效果如图 7-19 所示。

步骤 9 选择"图像 > 调整> 色彩平衡"命令，在弹出的对话框中进行设置，如图 7-20 所示，单击"确定"按钮，效果如图 7-21 所示。

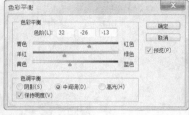

图 7-19　　　　　　　　　　图 7-20　　　　　　　　　　图 7-21

步骤 10 在"图层"控制面板中将"咖啡豆"图层的"不透明度"选项设为 60%，如图 7-22 所示，效果如图 7-23 所示。单击控制面板下方的"添加图层蒙版"按钮 ，为"咖啡豆"图层添加蒙版，如图 7-24 所示。

图 7-22　　　　　　　　　　图 7-23　　　　　　　　　　图 7-24

步骤 11 选择"渐变"工具 ，单击属性栏中的"点按可编辑渐变"按钮 ，弹出"渐变编辑器"对话框，将渐变色设为从黑色到白色，如图 7-25 所示，单击"确定"按钮。在图像窗口中从左下方至右上方拖曳渐变色，编辑状态如图 7-26 所示，松开鼠标，效果如图 7-27 所示。

图 7-25　　　　　　　　　　图 7-26　　　　　　　　　　图 7-27

步骤 12 按 Ctrl+O 组合键，打开光盘中的"Ch07 > 素材 > 制作咖啡包装 > 03"文件，选择"移动"工具 ，将图片拖曳到图像窗口中的适当位置。在"图层"控制面板中生成新的图层并将其命名为"咖啡"，如图 7-28 所示。按 Ctrl+T 组合键，图像周围出现控制手柄，拖曳鼠标调整图像的大小，按 Enter 键确认操作，效果如图 7-29 所示。

图 7-28

图 7-29

步骤 13 单击"图层"控制面板下方的"添加图层蒙版"按钮 ，为"咖啡"图层添加蒙版。选择"渐变"工具 ，在图像窗口中从右上方至左下方拖曳渐变色，效果如图 7-30 所示。

步骤 14 选择"画笔"工具 ，在属性栏中单击"画笔"选项右侧的按钮 ，在面板中选择需要的画笔形状，其他选项的设置如图 7-31 所示，在属性栏中将"不透明度"选项设置为 80%，在图像窗口中进行涂抹，擦除不需要的部分，效果如图 7-32 所示。

图 7-30

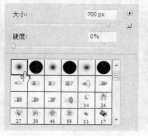

图 7-31

图 7-32

步骤 15 在"图层"控制面板中，按住 Shift 键的同时，单击"底图"图层，将需要的图层同时选取。将其拖曳到控制面板下方的"创建新图层"按钮 上进行复制，生成新的副本图层，如图 7-33 所示。选择"移动"工具 ，按住 Shift 键的同时，在图像窗口中将副本图形拖曳到适当的位置，如图 7-34 所示。

图 7-33

图 7-34

步骤 16 按 Ctrl+O 组合键，打开光盘中的"Ch07 > 素材 > 制作咖啡包装 > 04"文件，选择"移动"工具 ，将 04 图片拖曳到图像窗口中的适当位置，效果如图 7-35 所示。在"图层"控制面板中生成新的图层并将其命名为"01"。将 01 图层拖曳到控制面板下方的"创建新图层"按钮 上进行复制，生成新的副本图层。选择"移动"工具 ，按住 Shift 键的同时，在图像窗口中将副本图形拖曳到适当的位置，如图 7-36 所示。

图 7-35

图 7-36

步骤 `17` 按 Ctrl+O 组合键，打开光盘中的"Ch07 > 素材 > 制作咖啡包装 > 05"文件，选择"移动"工具 ，将 05 图片拖曳到图像窗口中的适当位置。在"图层"控制面板中生成新的图层并将其命名为"02"，效果如图 7-37 所示。

步骤 `18` 按 Ctrl+O 组合键，打开光盘中的"Ch07 > 素材 > 制作咖啡包装 > 06"文件，选择"移动"工具 ，将 06 图片拖曳到图像窗口中的适当位置。在"图层"控制面板中生成新的图层并将其命名为"03"，效果如图 7-38 所示。

图 7-37

图 7-38

步骤 `19` 将 03 图层拖曳到控制面板下方的"创建新图层"按钮 上进行复制，生成新的副本图层。选择"移动"工具 ，在图像窗口中将副本图形拖曳到适当的位置。按 Ctrl+T 组合键，在图像周围出现变换框，单击鼠标右键，在弹出的快捷菜单中选择"垂直翻转"命令翻转图像，按 Enter 键确认操作，效果如图 7-39 所示。

步骤 `20` 按 Ctrl+O 组合键，打开光盘中的"Ch07 > 素材 > 制作咖啡包装 > 07"文件，选择"移动"工具 ，将 07 图片拖曳到图像窗口中的适当位置。在"图层"控制面板中生成新的图层并将其命名为"04"，效果如图 7-40 所示。

图 7-39

图 7-40

步骤 `21` 按 Ctrl+; 组合键，将参考线隐藏。在"图层"控制面板中，单击"背景"图层左侧的眼睛图标 ，将"背景"图层隐藏。按 Ctrl+Shift+S 组合键，弹出"存储为"对话框，将制作好的图像命名为"咖啡包装平面图"，保存为 PNG 格式，单击"保存"按钮，弹出"PNG 选项"对话框，单击"确定"按钮，将图像保存。

2. 制作包装立体效果

步骤 1 按 Ctrl+N 组合键，新建一个文件：宽度为 50cm，高度为 30cm，分辨率为 150 像素/英寸，颜色模式为 RGB，背景内容为白色，单击"确定"按钮，新建一个文件。

步骤 2 选择"渐变"工具，单击属性栏中的"点按可编辑渐变"按钮，弹出"渐变编辑器"对话框，将渐变色设为由白色到黑色，如图 7-41 所示，单击"确定"按钮。在属性栏中单击"径向渐变"按钮，在图像窗口中由右上方至左下方拖曳渐变色，效果如图 7-42 所示。

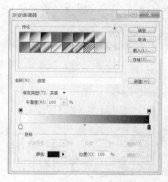

图 7-41 　　　　　　　　　图 7-42

步骤 3 按 Ctrl+O 组合键，打开光盘中的"Ch07 > 效果 > 制作咖啡包装 > 咖啡包装平面图"文件。

步骤 4 选择"矩形选框"工具，在图像窗口中绘制出需要的选区，如图 7-43 所示。选择"移动"工具，将选区中的图像拖曳到新建的图像窗口中，在"图层"控制面板中生成新的图层并将其命名为"正面"。按 Ctrl+T 组合键，图像周围出现控制手柄，拖曳控制手柄改变图像的大小，如图 7-44 所示。

图 7-43 　　　　　　　　　图 7-44

步骤 5 按住 Ctrl+Shift 组合键的同时，拖曳右上角的控制手柄到适当的位置，如图 7-45 所示，再拖曳右下角的控制手柄到适当的位置，按 Enter 键确认操作，效果如图 7-46 所示。

图 7-45 　　　　　　　　　图 7-46

步骤 6 选择"矩形选框"工具 ，在"咖啡包装平面图"的侧面拖曳鼠标绘制一个矩形选区，如图 7-47 所示。选择"移动"工具 ，将选区中的图像拖曳到新建的图像窗口中，在"图层"控制面板中生成新的图层并将其命名为"侧面"。按 Ctrl+T 组合键，图像周围出现控制手柄，拖曳控制手柄来改变图像的大小，如图 7-48 所示。

图 7-47

图 7-48

步骤 7 按住 Ctrl 键的同时，拖曳右上角的控制手柄到适当的位置，如图 7-49 所示，再拖曳右下角的控制手柄到适当的位置，按 Enter 键确认操作，效果如图 7-50 所示。

图 7-49

图 7-50

步骤 8 选择"矩形选框"工具 ，在"咖啡包装平面图"的顶面绘制一个矩形选区，如图 7-51 所示。选择"移动"工具 ，将选区中的图像拖曳到新建的图像窗口中，在"图层"控制面板中生成新的图层并将其命名为"盒顶"。按 Ctrl+T 组合键，图像周围出现控制手柄，拖曳控制手柄改变图像的大小，如图 7-52 所示。按住 Ctrl 键的同时，拖曳左上角的控制手柄到适当的位置，如图 7-53 所示，再拖曳其他控制手柄到适当的位置，按 Enter 键确认操作，效果如图 7-54 所示。

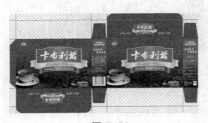

图 7-51

图 7-52

图 7-53

图 7-54

步骤 9 将"正面"图层拖曳到控制面板下方的"创建新图层"按钮 上进行复制，生成新的图层"正面 副本"。选择"移动"工具 ，将副本图像拖曳到适当的位置，如图 7-55 所示。按 Ctrl+T 组合键，图像周围出现控制手柄，单击鼠标右键，在弹出的菜单中选择"垂直翻转"命令，垂直翻转图像，如图 7-56 所示。

图 7-55　　　　　　　　　　　　　　　图 7-56

步骤 10 按住 Ctrl 键的同时，分别拖曳控制手柄到适当的位置，效果如图 7-57 所示。单击"图层"控制面板下方的"添加图层蒙版"按钮 ，为"正面 副本"图层添加蒙版，如图 7-58 所示。

图 7-57　　　　　　　　　　　　　　　图 7-58

步骤 11 选择"渐变"工具 ，单击属性栏中的"点按可编辑渐变"按钮 ，弹出"渐变编辑器"对话框，将渐变色设为由白色到黑色，单击"确定"按钮。在属性栏中选择"线性渐变"按钮 ，在图像中由上至下拖曳渐变色，效果如图 7-59 所示。

步骤 12 在"图层"控制面板中将"正面 副本"拖曳到"正面"图层的下方，图像效果如图 7-60 所示。用相同的方法制作出侧面图像的投影效果，效果如图 7-61 所示。

图 7-59　　　　　　　　图 7-60　　　　　　　　图 7-61

步骤 13 在"图层"控制面板中，单击"背景"图层左侧的眼睛图标 ，将"背景"图层隐藏。按 Ctrl+Shift+S 组合键，弹出"存储为"对话框，将制作好的图像命名为"咖啡包装立体图"，保存为 PNG 格式，单击"保存"按钮，弹出"PNG 选项"对话框，单击"确定"按钮，将图像保存。

3. 制作包装广告效果

步骤 1 按 Ctrl+O 组合键，打开光盘中的"Ch07 > 素材 > 制作咖啡包装 > 08"文件，图像如图 7-62 所示。

步骤 2 选择"滤镜 > 渲染 > 镜头光晕"命令，在弹出的对话框中进行设置，如图 7-63 所示，单击"确定"按钮，效果如图 7-64 所示。

图 7-62

图 7-63

图 7-64

步骤 3 按 Ctrl+O 组合键，打开光盘中的"Ch07 > 效果 > 制作咖啡包装 > 咖啡包装立体图"文件。选择"移动"工具，将素材图片拖曳到图像窗口的适当位置。按 Ctrl+T 组合键，图像周围出现控制手柄，拖曳控制手柄改变图像的大小，按 Enter 键确认操作，效果如图 7-65 所示。在"图层"控制面板中生成新的图层并将其命名为"立体包装"。

步骤 4 选择"横排文字"工具，在属性栏中选择合适的字体并设置大小，将文字颜色设为白色，在图像窗口中单击鼠标插入光标，输入需要的文字。选择"窗口 > 字符"命令，弹出"字符"面板，选项的设置如图 7-66 所示，效果如图 7-67 所示。咖啡包装制作完成。

图 7-65

图 7-66

图 7-67

7.1.4 【相关工具】

渲染滤镜可以在图片中产生照明的效果、不同的光源效果和夜景效果。渲染滤镜的子菜单如图 7-68 所示。原图像及应用渲染滤镜组制作的图像效果如图 7-69 所示。

原图   分层云彩   光照效果

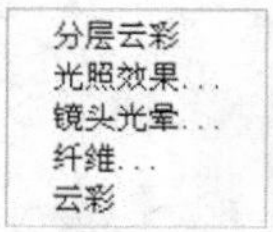

```
分层云彩
光照效果...
镜头光晕...
纤维...
云彩
```

图 7-68   镜头光晕   纤维   云彩

图 7-69

7.1.5 【实战演练】制作 CD 唱片包装

使用图层蒙版和渐变工具制作背景图片的叠加效果，使用描边命令和自由变换命令制作背景装饰框，使用钢笔工具绘制 CD 侧面图形，使用图层样式命令为图形添加斜面和浮雕效果。最终效果参看光盘中的"Ch07 > 效果 > 制作 CD 唱片包装"，如图 7-70 所示。

7.2 制作美食书籍封面

7.2.1 【案例分析】

世界绝大多数国家中，无论是人们的主食，还是副食品，烘焙食品都占有十分重要的位置。如今，我国烘焙食品也迎来了大发展的时期。本书讲解的是健康美食中的烘焙技术，在封面设计上要层次分明、主题突出，表现出营养可口之感。

图 7-70

7.2.2 【设计理念】

在设计制作过程中，通过背景图片的修饰处理，表现出丰富多样、美味可口的特点；通过典型的烘焙食物图片，直观地反映书籍内容。通过对书籍名称和其他介绍性文字的添加，突出表达书籍的主题。整个封面以绿色为主，给人自然健康、清新舒爽的感受。最终效果参看光盘中的"Ch07 > 效果 > 制作美食书籍封面"，如图 7-71 所示。

图 7-71

7.2.3 【操作步骤】

1. 制作封面效果

步骤　1　按 Ctrl+N 组合键，新建一个文件：宽度为 37.6cm，高度为 26.6cm，分辨率为 150 像素/英寸，颜色模式为 RGB，背景内容为白色，单击"确定"按钮，新建一个文件。选择"视图 > 新建参考线"命令，弹出"新建参考线"对话框，设置如图 7-72 所示，单击"确定"按钮，效果如图 7-73 所示。用相同的方法，在 26.3cm 处新建一条水平参考线，效果如图 7-74 所示。

图 7-72

图 7-73

图 7-74

步骤　2　选择"视图 > 新建参考线"命令，弹出"新建参考线"对话框，设置如图 7-75 所示，单击"确定"按钮，效果如图 7-76 所示。用相同的方法，分别在 18cm、19.6cm、37.3cm 处新建垂直参考线，效果如图 7-77 所示。

图 7-75

图 7-76

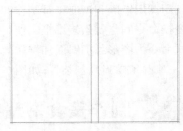
图 7-77

步骤　3　单击"图层"控制面板下方的"创建新组"按钮 ▢，生成新的图层组并将其命名为"封面"。按 Ctrl+O 组合键，打开光盘中的"Ch07 > 素材 > 制作美食书籍设计 > 01"文件，选择"移动"工具 ▸+，将图片拖曳到图像窗口中的适当位置，如图 7-78 所示，在"图层"控制面板中生成新的图层并将其命名为"图片"。

步骤　4　选择"矩形"工具 ▢，单击属性栏中的"路径"按钮 ◪，在图像窗口中适当的位置绘制矩形路径，如图 7-79 所示。

图 7-78

图 7-79

步骤 5　选择"椭圆"工具 ◯，在适当的位置绘制一个椭圆形，如图 7-80 所示。选择"路径选择"工具 ▶，选取椭圆形，按住 Alt+Shift 组合键的同时，水平向右拖曳图形到适当的位置，复制图形，效果如图 7-81 所示。

步骤 6　选择"路径选择"工具 ▶，按住 Shift 键的同时，单击第一个椭圆形，将其同时选取，按住 Alt+Shift 组合键的同时，垂直向下拖曳图形到适当的位置，复制图形，效果如图 7-82 所示。用圈选的方法将所有的椭圆形和矩形同时选取，如图 7-83 所示，单击属性栏中的"组合"按钮 组合 ，将所有图形组合成一个图形，效果如图 7-84 所示。

图 7-80

图 7-81

图 7-82

图 7-83

图 7-84

步骤 7　新建图层并将其命名为"形状"。将前景色设为绿色（其 R、G、B 的值分别为 13、123、51）。按 Ctrl+Enter 组合键，将路径转化为选区，按 Alt+Delete 组合键，用前景色填充选区，按 Ctrl+D 组合键，取消选区，效果如图 7-85 所示。选择"椭圆"工具 ◯，单击属性栏中的"填充像素"按钮 ▢，在适当的位置绘制一个椭圆形，如图 7-86 所示。

步骤 8　将"形状"图层拖曳到"图层"控制面板下方的"创建新图层"按钮 ⬜ 上进行复制，生成新的副本图层"形状 副本"。按 Ctrl+T 组合键，在图形周围出现变换框，按住 Shift+Alt 组合键的同时，拖曳变换框右上角的控制手柄，等比例缩小图形，按 Enter 键确定操作。

步骤 9　将前景色设为浅绿色（其 R、G、B 的值分别为 14、148、4）。按住 Ctrl 键的同时，单击"形状 副本"图层的缩览图，图像周围生成选区，如图 7-87 所示。按 Alt+Delete 组合键，用前景色填充选区，按 Ctrl+D 组合键，取消选区，效果如图 7-88 所示。使用上述的方法，再复制一个图形，制作出如图 7-89 所示的效果。

图 7-85

图 7-86

图 7-87

图 7-88

图 7-89

步骤 10　按 Ctrl+O 组合键，打开光盘中的"Ch07 > 素材 > 制作美食书籍设计 > 02"文件，选择"移动"工具 ▶+，将面包图片拖曳到图像窗口中的适当位置，如图 7-90 所示，在"图层"控制面板中生成新的图层并将其命名为"小面包"。

步骤 11　将前景色设为褐色（其 R、G、B 的值分别为 65、35、37）。选择"横排文字"工具 T，在适当的位置分别输入需要的文字并选取文字，在属性栏中选择合适的字体并设置文字大小。分别按 Alt+向左方向键，适当调整文字间距，效果如图 7-91 所示，在"图层"控制面板中分别生成新的文字图层。

步骤 12 选择"钢笔"工具 ，单击属性栏中的"路径"按钮 ，在适当的位置单击鼠标绘制一条路径。将前景色设为深绿色（其 R、G、B 的值分别为 34、71、37）。选择"横排文字"工具 ，在属性栏中选择合适的字体并设置文字大小，将鼠标光标放在路径上时，光标变为 图标，单击插入光标，输入需要的文字，如图 7-92 所示，在"图层"控制面板中生成新的文字图层。

图 7-90　　　　　　　图 7-91　　　　　　　图 7-92

步骤 13 选取文字，按 Ctrl+T 组合键，弹出"字符"面板，将"设置所选字符的字距调整" 选项设置为-100，其他选项的设置如图 7-93 所示，隐藏路径后，效果如图 7-94 所示。

步骤 14 将前景色设为橘黄色（其 R、G、B 的值分别为 236、84、9）。选择"横排文字"工具 ，在适当的位置输入需要的文字并选取文字，在属性栏中选择合适的字体并设置文字大小，按 Alt+向左方向键，适当调整文字间距，效果如图 7-95 所示，在"图层"控制面板中生成新的文字图层。

步骤 15 将前景色设为褐色（其 R、G、B 的值分别为 60、32、27）。选择"横排文字"工具 ，在图像窗口中分别输入需要的文字并选取文字，在属性栏中选择合适的字体并设置文字大小，效果如图 7-96 所示，在"图层"控制面板中分别生成新的文字图层。

图 7-93　　　　　　　图 7-94　　　　　　　图 7-95　　　　　　　图 7-96

步骤 16 新建图层并将其命名为"直线"。将前景色设为深绿色（其 R、G、B 的值分别为 34、71、37）。选择"直线"工具 ，单击属性栏中的"填充像素"按钮 ，将"粗细"选项设置为 4px，按住 Shift 键的同时，在适当的位置拖曳鼠标绘制一条直线，效果如图 7-97 所示。

步骤 17 按 Ctrl+J 组合键，复制"直线"图层，生成新的图层"直线 副本"。选择"移动"工具 ，按住 Shift 键的同时，在图像窗口中垂直向下拖曳复制出的直线到适当的位置，效果如图 7-98 所示。使用相同的方法再绘制两条竖线，效果如图 7-99 所示。

步骤 18 新建图层并将其命名为"形状 1"。选择"自定形状"工具 ，单击属性栏中的"形状"选项，弹出"形状"面板，单击面板右上方的按钮 ，在弹出的菜单中选择"全部"选项，弹出提示对话框，单击"确定"按钮。在"形状"面板中选中图形"百合花饰"，如图 7-100

所示。单击属性栏中的"填充像素"按钮□，按住 Shift 键的同时，在图像窗口中拖曳鼠标绘制图形，效果如图 7-101 所示。

图 7-97

图 7-98

图 7-99

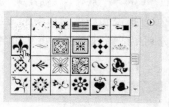

图 7-100

图 7-101

步骤 19　新建图层并将其命名为"形状 2"。选择"自定形状"工具，单击属性栏中的"形状"选项，弹出"形状"面板，在"形状"面板中选中图形"装饰 1"，如图 7-102 所示，在图像窗口中拖曳鼠标绘制图形，效果如图 7-103 所示。

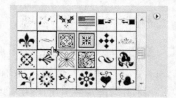

图 7-102

图 7-103

步骤 20　将"形状 2"图层拖曳到"图层"控制面板下方的"创建新图层"按钮 上进行复制，生成新的副本图层"形状 2 副本"。选择"移动"工具，按住 Shift 键的同时，在图像窗口中水平向右拖曳复制的图形到适当的位置，效果如图 7-104 所示。

步骤 21　按住 Shift 键的同时，用鼠标单击"形状 1"图层，将几个图层同时选取，如图 7-105 所示。将选中的图层拖曳到"图层"控制面板下方的"创建新图层"按钮 上进行复制，生成新的副本图层。

图 7-104

图 7-105

步骤 22 选择"移动"工具 ，按住 Shift 键的同时，在图像窗口中垂直向下拖曳复制的图形到适当的位置，效果如图 7-106 所示。按 Ctrl+T 组合键，图形周围出现变换框，在变制框中单击鼠标右键，在弹出的快捷菜单中选择"垂直翻转"命令，将图形垂直翻转，按 Enter 键确认操作，效果如图 7-107 所示。

图 7-106   图 7-107

步骤 23 按 Ctrl+O 组合键，分别打开光盘中的"Ch07 > 素材 > 制作美食书籍设计 > 03、04、05"文件，选择"移动"工具 ，分别将图片拖曳到图像窗口中的适当位置并调整其大小，如图 7-108 所示，在"图层"控制面板中分别生成新的图层并将其命名为"草莓"、"橙子"、"面包"，如图 7-109 所示。

图 7-108   图 7-109

步骤 24 单击"图层"控制面板下方的"添加图层样式"按钮 ，在弹出的菜单中选择"投影"命令，弹出对话框，选项的设置如图 7-110 所示，单击"确定"按钮，效果如图 7-111 所示。单击"封面"图层组左侧的三角形图标 ，将"封面"图层组中的图层隐藏。

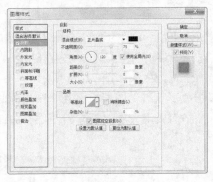

图 7-110   图 7-111

2. 制作封底效果

步骤 1 单击"图层"控制面板下方的"创建新组"按钮 ，生成新的图层组并将其命名为"封底"。新建图层并将其命名为"矩形"。将前景色设为淡绿色（其 R、G、B 的值分别为 136、150、5），选择"矩形"工具 ，单击属性栏中的"填充像素"按钮 ，在图像窗口中适当的位置绘制一个矩形，效果如图 7-112 所示。

步骤 ② 按 Ctrl+O 组合键，分别打开光盘中的"Ch07 > 素材 > 制作美食书籍设计 > 06、07、08"文件，选择"移动"工具 ，分别将图片拖曳到图像窗口中的适当位置，如图 7-113 所示，在"图层"控制面板中生成新的图层并将其命名为"图片 1"、"图片 2"、"条形码"。单击"封底"图层组左侧的三角形图标 ，将"封底"图层组中的图层隐藏。

图 7-112　　　　　　　　　　　　　　　　　　图 7-113

3. 制作书脊效果

步骤 ① 单击"图层"控制面板下方的"创建新组"按钮 ，生成新的图层组并将其命名为"书脊"。新建图层并将其命名为"矩形 1"。选择"矩形"工具 ，在书脊上适当的位置再绘制一个矩形，效果如图 7-114 所示。

步骤 ② 在"封面"图层组中，选中"小面包"图层，按 Ctrl+J 组合键，复制"小面包"图层，生成新的图层"小面包 副本"。将"小面包 副本"拖曳到"书脊"图层组中的"矩形 1"图层的上方，如图 7-115 所示。选择"移动"工具 ，在图像窗口中拖曳复制出的面包图片到适当的位置并调整其大小，效果如图 7-116 所示。

图 7-114　　　　　　　　　图 7-115　　　　　　　　　图 7-116

步骤 ③ 将前景色设为白色。选择"直排文字"工具 ，在书脊上适当的位置输入需要的文字，选取文字，在属性栏中选择合适的字体并设置文字大小，效果如图 7-117 所示，按 Alt+向左方向键，适当调整文字间距，取消文字选取状态，效果如图 7-118 所示，在"图层"控制面板中生成新的文字图层。

步骤 ④ 将前景色设为褐色（其 R、G、B 的值分别为 65、35、37）。选择"直排文字"工具 ，在书脊上适当的位置输入需要的文字，选取文字，在属性栏中选择合适的字体并设置文字大小，按 Alt+向右方向键，适当调整文字间距，效果如图 7-119 所示，在"图层"控制面板中生成新的文字图层。选择"直排文字"工具 ，选取文字"精编版"，在属性栏中设置合适的文字大小，效果如图 7-120 所示。

步骤 ⑤ 将前景色设为白色。选择"直排文字"工具 ，在书脊上适当的位置输入需要的文字，选取文字，在属性栏中选择合适的字体并设置文字大小，效果如图 7-121 所示，按 Alt+向右方向键，适当调整文字间距，取消文字选取状态，效果如图 7-122 所示，在"图层"控制面板中生成新的文字图层。

图 7-117　　　　图 7-118　　　　图 7-119　　　　图 7-120　　　　图 7-121　　　　图 7-122

步骤 6 新建图层并将其命名为"星星"。将前景色设为深红色（其 R、G、B 的值分别为 65、35、37）。选择"自定形状"工具 ，单击属性栏中的"形状"选项，弹出"形状"面板，在"形状"面板中选中图形"花形装饰 4"，如图 7-123 所示，按住 Shift 键的同时，在图像窗口中拖曳鼠标绘制图形，效果如图 7-124 所示。

步骤 7 选择"直排文字"工具 ，在书脊适当的位置输入需要的文字，选取文字，在属性栏中选择合适的字体并设置文字大小，按 Alt+向右方向键，适当调整文字间距，效果如图 7-125 所示，在"图层"控制面板中生成新的文字图层。按 Ctrl+；组合键，隐藏参考线。美食书籍制作完成，效果如图 7-126 所示。

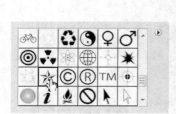

图 7-123　　　　　　　图 7-124　　　　图 7-125　　　　　　　图 7-126

7.2.4 【相关工具】

1. 参考线的设置

设置参考线后可以使编辑图像的位置更精确。将鼠标指针放在水平标尺上，按住鼠标左键不放向下拖曳出水平的参考线，效果如图 7-127 所示。将鼠标指针放在垂直标尺上，按住鼠标左键不放向右拖曳出垂直的参考线，效果如图 7-128 所示。

显示或隐藏参考线：选择"视图 > 显示 > 参考线"命令可以显示或隐藏参考线，此命令只有在存在参考线的情况下才能应用。

移动参考线：选择"移动"工具 ，将鼠标指针放在参考线上，鼠标指针变为 形状，按住鼠标左键拖曳即可移动参考线。

锁定、清除、新建参考线：选择"视图 > 锁定参考线"命令或按 Alt +Ctrl+；组合键可以将参考线锁定，参考线锁定后将不能移动。选择"视图 > 清除参考线"命令可以将参考线清除。

选择"视图 > 新建参考线"命令，弹出"新建参考线"对话框，如图 7-129 所示，设定完选项后单击"确定"按钮，图像中即可出现新建的参考线。

图 7-127　　　　　　　　图 7-128　　　　　　　　图 7-129

2. 标尺的设置

设置标尺后可以精确地编辑和处理图像。选择"编辑 > 首选项 > 单位与标尺"命令，弹出相应的对话框，如图 7-130 所示。

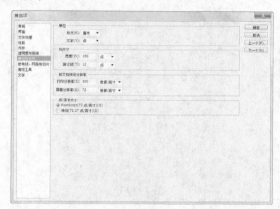

图 7-130

单位：用于设置标尺和文字的显示单位，有不同的显示单位供选择。列尺寸：用列来精确确定图像的尺寸。点/派卡大小：与输出有关。选择"视图 > 标尺"命令，可以显示或隐藏标尺，分别如图 7-131 和图 7-132 所示。

将鼠标指针放在标尺的 x 轴和 y 轴的 0 点处，如图 7-133 所示。单击并按住鼠标左键不放，向右下方拖曳鼠标到适当的位置，如图 7-134 所示。释放鼠标，标尺的 x 轴和 y 轴的 0 点就变为鼠标指针移动后的位置，如图 7-135 所示。

图 7-131　　　　　　　　图 7-132

  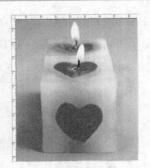

图 7-133　　　　　　　　　图 7-134　　　　　　　　　图 7-135

3. 网格线的设置

设置网格线后可以将图像处理得更精准。选择"编辑 > 首选项 > 参考线、网格和切片"命令，弹出相应的对话框，如图 7-136 所示。

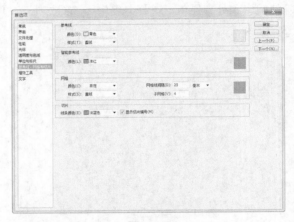

图 7-136

参考线：用于设定参考线的颜色和样式。网格：用于设定网格的颜色、样式、网格线间隔、子网格等。切片：用于设定切片的颜色和显示切片的编号。

选择"视图 > 显示 > 网格"命令可以显示或隐藏网格，分别如图 7-137 和图 7-138 所示。

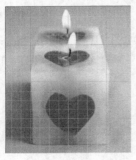 

图 7-137　　　　　　　　　图 7-138

7.2.5 【实战演练】制作作文辅导书籍封面

使用渐变工具、添加杂色滤镜命令和钢笔工具制作背景底图，使用文字工具、椭圆工具和描边命令制作标志图形，使用文字工具、扩展命令和添加图层样式按钮制作书名，使用圆角矩形工具和渐变工具制作封底标题。最终效果参看光盘中的"Ch07 > 效果 > 制作作文辅导书籍封面"，如图 7-139 所示。

图 7-139

7.3 制作酒盒包装

7.3.1 【案例分析】

我国酿酒历史悠久，品种繁多，自产生之日开始，就受到人们欢迎。本案例是为酒品公司设计的酒包装，在设计上要体现出健康生活和淳朴优质的理念。

7.3.2 【设计理念】

在设计制作过程中，使用黄绿交融的山水背景给人自然、复古和淳朴的感觉。包装上使用国画梅花作为包装图案，以中国传统文化为出发点，突出品牌定位，与产品形象相符合。通过对平面效果进行变形和投影设置制作出立体包装，使包装更具真实感。整体设计简单大方，颜色清爽明快，紧扣主题。最终效果参看光盘中的"Ch07 > 效果 > 制作酒盒包装"，如图 7-140 所示。

图 7-140

7.3.3 【操作步骤】

1. 制作包装平面图效果

步骤 1 按 Ctrl+N 组合键新建一个文件，宽度为 42.5cm，高度为 45cm，分辨率为 300 像素/英寸，颜色模式为 RGB，背景内容为白色，单击"确定"按钮。将前景色设为灰色（其 R、G、B 的值分别为 200、200、200）。按 Alt+Delete 组合键，用前景色填充"背景"图层，效果如图 7-141 所示。

步骤 2 选择"视图 > 新建参考线"命令，弹出"新建参考线"对话框，选项的设置如图 7-142 所示，单击"确定"按钮，效果如图 7-143 所示。用相同的方法，在 4.2cm、11cm、12.4cm、13cm、22cm、22.5cm、24.4cm、30.5cm、32.4cm、33cm、42cm 处分别新建垂直参考线，效果如图 7-144 所示。

图 7-141　　　　　　　　图 7-142　　　　　　　　图 7-143　　　　　　　　图 7-144

步骤 3　选择"视图 > 新建参考线"命令，弹出"新建参考线"对话框，选项的设置如图 7-145 所示，单击"确定"按钮，效果如图 7-146 所示。用相同的方法，在 11.8cm、36.7cm、42.3cm 处分别新建水平参考线，效果如图 7-147 所示。

图 7-145　　　　　　　　图 7-146　　　　　　　　图 7-147

步骤 4　将前景色设为白色。新建图层并将其命名为"包装外边框"。选择"钢笔"工具 ，选中属性栏中的"路径"按钮 ，拖曳鼠标绘制一个闭合路径，如图 7-148 所示。按 Ctrl+Enter 组合键，将路径转换为选区。按 Alt+Delete 组合键，用前景色填充背景图层。按 Ctrl+D 组合键，取消选区，效果如图 7-149 所示。

步骤 5　新建图层并将其命名为"底色"。将前景色设为淡黄色（其 R、G、B 的值分别为 241、228、203）。选择"矩形选框"工具 ，在图像窗口中绘制矩形选区。按 Alt+Delete 组合键，用前景色填充选区，按 Ctrl+D 组合键，取消选区，效果如图 7-150 所示。

图 7-148　　　　　　　　图 7-149　　　　　　　　图 7-150

步骤 6　按 Ctrl+O 组合键，打开光盘中的"Ch07 > 素材 > 制作酒盒包装 > 01"文件。选择"移动"工具 ，将图片拖曳到图像窗口的左下角，如图 7-151 所示。在"图层"控制面板中生成新的图层并将其命名为"风景"。单击"图层"控制面板下方的"添加图层蒙版"按钮 ，为"风景"图层添加蒙版，如图 7-152 所示。

图 7-151　　　　　　　　　　　　　　图 7-152

步骤 7　选择"渐变"工具 ，单击属性栏中的"点按可编辑渐变"按钮 ▬▬▬▬，弹出"渐变编辑器"对话框，将渐变色设为从黑色到白色，如图 7-153 所示，单击"确定"按钮，在风景图片上从下至上拖曳渐变色，效果如图 7-154 所示。

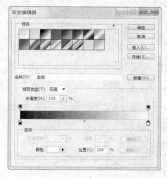

图 7-153　　　　　　　　　　　　　　图 7-154

步骤 8　选择"画笔"工具 ✐，在属性栏中单击"画笔"选项右侧的按钮 ▾，弹出画笔选择面板，单击面板右上方的按钮 ▸，在弹出的下拉菜单中选择"基本画笔"命令，弹出提示对话框，单击"追加"按钮，在面板中选择需要的画笔形状，如图 7-155 所示，在图像窗口中进行涂抹，擦除不需要的部分，效果如图 7-156 所示。

步骤 9　在"图层"控制面板上方，将"风景"图层的混合模式设为"正片叠底"，将"不透明度"选项设为 80%，效果如图 7-157 所示。按 Ctrl+O 组合键，打开光盘中的"Ch07 > 素材 > 制作酒盒包装 > 02"文件。选择"移动"工具 ▸⊕，将图片拖曳到图像窗口的左下角，如图 7-158 所示。在"图层"控制面板中生成新的图层并将其命名为"梅花"。

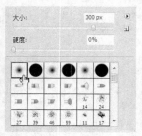

图 7-155　　　　　　　图 7-156　　　　　　　图 7-157　　　　　　　图 7-158

步骤 10　将"梅花"图层拖曳到控制面板下方的"创建新图层"按钮 🖿 上进行复制，生成新的

中等职业教育数字艺术类规划教材

图层"梅花 副本"。选择"滤镜 > 模糊 > 高斯模糊"命令，在弹出的对话框中进行设置，如图 7-159 所示，单击"确定"按钮，效果如图 7-160 所示。在"图层"控制面板中，将"梅花 副本"图层拖曳到"梅花"图层的下方，效果如图 7-161 所示。

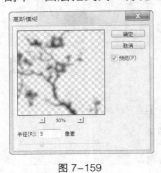

图 7-159　　　　　　　　图 7-160　　　　　　　　图 7-161

步骤 11　在"图层"控制面板中，选取"梅花 副本"图层，按住 Shift 键的同时，单击"风景"图层，将"梅花"和"风景"图层之间的所有图层同时选取。选择"移动"工具，按住 Alt+Shift 组合键的同时，水平向右拖曳图片到适当的位置，复制图片，效果如图 7-162 所示。

步骤 12　新建图层并将其命名为"咖啡条"。将前景色设为棕色（其 R、G、B 的值分别为 76、32、3）。选择"矩形选框"工具，在图像窗口中绘制矩形选区，如图 7-163 所示。按 Alt+Delete 组合键，用前景色填充选区，按 Ctrl+D 组合键，取消选区，效果如图 7-164 所示。

步骤 13　选择"移动"工具，按住 Alt+Shift 组合键的同时，垂直向下拖曳图形到适当的位置，复制图形。在"图层"控制面板中生成"咖啡条 副本"图层，效果如图 7-165 所示。

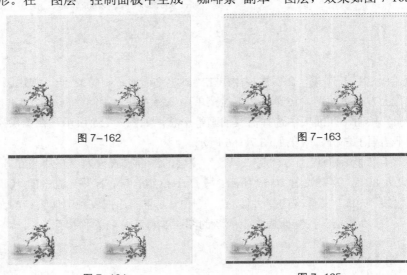

图 7-162　　　　　　　　　　　　　　图 7-163

图 7-164　　　　　　　　　　　　　　图 7-165

步骤 14　按 Ctrl+O 组合键，打开光盘中的"Ch07 > 素材 > 制作酒盒包装 > 03"文件。选择"移动"工具，将图片拖曳到图像窗口中适当的位置，效果如图 7-166 所示。在"图层"控制面板中生成新的图层并将其命名为"1"。

步骤 15　将"1"图层拖曳到控制面板下方的"创建新图层"按钮上进行复制，生成新的图层"1 副本"。选择"移动"工具，选取复制的图形，并将其拖曳到适当的位置，效果如图 7-167 所示。

步骤 16 按 Ctrl+O 组合键，打开光盘中的"Ch07 > 素材 > 制作酒盒包装 > 04"文件。选择"移动"工具 ，将图片拖曳到图像窗口中适当的位置，效果如图 7-168 所示。在"图层"控制面板中生成新的图层并将其命名为"2"。

图 7-166   图 7-167   图 7-168

步骤 17 将"2"图层拖曳到控制面板下方的"创建新图层"按钮 上进行复制，生成新的图层"2 副本"。选择"移动"工具 ，选取复制的图形，并将其拖曳到适当的位置，效果如图 7-169 所示。

步骤 18 按 Ctrl+O 组合键，打开光盘中的"Ch07 > 素材 > 制作酒盒包装 > 05"文件。选择"移动"工具 ，将图片拖曳到图像窗口中适当的位置，效果如图 7-170 所示。在"图层"控制面板中生成新的图层并将其命名为"3"。

步骤 19 按 Ctrl+; 组合键，将参考线隐藏。在"图层"控制面板中，单击"背景"图层左侧的眼睛图标 ，将"背景"图层隐藏。按 Ctrl+Shift+S 组合键，弹出"存储为"对话框，将制作好的图像命名为"酒盒包装平面图"，保存为 PNG 格式，单击"保存"按钮，弹出"PNG选项"对话框，单击"确定"按钮，将图像保存。

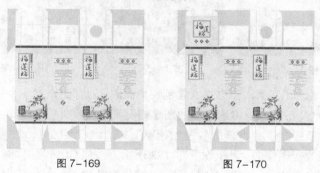

图 7-169   图 7-170

2. 制作包装立体效果

步骤 1 按 Ctrl+N 组合键，新建一个文件：宽度为 10cm，高度为 10.5cm，分辨率为 150 像素/英寸，颜色模式为 RGB，背景内容为白色，单击"确定"按钮，新建一个文件。

步骤 2 选择"渐变"工具 ，单击属性栏中的"点按可编辑渐变"按钮 ，弹出"渐变编辑器"对话框，将渐变色设为由白色到黑色，如图 7-171 所示，单击"确定"按钮。在属性栏中单击"径向渐变"按钮 ，在图像窗口中由右上方至左下方拖曳渐变色，效果如图7-172 所示。

步骤 3 按 Ctrl+O 组合键，打开光盘中的"Ch07 > 效果 > 制作酒盒包装 > 酒盒包装平面图"

文件，按 Ctrl+R 组合键，图像窗口中出现标尺。选择"移动"工具 ，从图像窗口的水平标尺和垂直标尺中拖曳出需要的参考线。选择"矩形选框"工具 ，在图像窗口中绘制出需要的选区，如图 7-173 所示。

图 7-171　　　　　　　　图 7-172　　　　　　　　图 7-173

步骤 4　选择"移动"工具 ，将选区中的图像拖曳到新建文件窗口中适当的位置，在"图层"控制面板中生成新的图层并将其命名为"正面"。按 Ctrl+T 组合键，图像周围出现控制手柄，拖曳控制手柄来改变图像的大小，如图 7-174 所示。按住 Ctrl 键的同时，向上拖曳右侧中间的控制手柄到适当的位置，如图 7-175 所示。按住 Ctrl 键的同时，拖曳左上角的控制手柄到适当的位置，按 Enter 键确认操作，效果如图 7-176 所示。

图 7-174　　　　　　　　图 7-175　　　　　　　　图 7-176

步骤 5　选择"矩形选框"工具 ，在"酒盒包装平面图"的背面拖曳一个矩形选区，如图 7-177 所示。选择"移动"工具 ，将选区中的图像拖曳到新建文件窗口中适当的位置，在"图层"控制面板中生成新的图层并将其命名为"侧面"。按 Ctrl+T 组合键，图像周围出现控制手柄，拖曳控制手柄来改变图像的大小，如图 7-178 所示。按住 Ctrl 键的同时，向上拖曳左侧中间的控制手柄到适当的位置，如图 7-179 所示。按住 Ctrl 键的同时，拖曳左下角的控制手柄到适当的位置，按 Enter 键确认操作，效果如图 7-180 所示。

图 7-177　　　　　　图 7-178　　　　　　图 7-179　　　　　　图 7-180

步骤 6 选择"矩形选框"工具▢，在"酒盒包装平面图"的顶面拖曳一个矩形选区，如图 7-181 所示。选择"移动"工具▸⁺，将选区中的图像拖曳到新建文件窗口中适当的位置，在"图层"控制面板中生成新的图层并将其命名为"盒顶"。按 Ctrl+T 组合键，图像周围出现控制手柄，拖曳控制手柄来改变图像的大小，如图 7-182 所示。按住 Ctrl 键的同时，拖曳左上角的控制手柄到适当的位置，如图 7-183 所示，再拖曳其他控制手柄到适当的位置，按 Enter 键确认操作，效果如图 7-184 所示。

图 7-181

图 7-182

图 7-183

图 7-184

步骤 7 将"正面"图层拖曳到控制面板下方的"创建新图层"按钮▫上进行复制，生成新的图层"正面 副本"。选择"移动"工具▸⁺，将副本图像拖曳到适当的位置，如图 7-185 所示。按 Ctrl+T 组合键，图像周围出现控制手柄，单击鼠标右键，在弹出的菜单中选择"垂直翻转"命令，垂直翻转图像并将其拖曳到适当的位置，如图 7-186 所示。按住 Ctrl 键的同时，拖曳右侧中间的控制手柄到适当的位置，按 Enter 键，确认操作，效果如图 7-187 所示。

图 7-185

图 7-186

图 7-187

步骤 8 单击"图层"控制面板下方的"添加图层蒙版"按钮◉，为"正面 副本"图层添加蒙版。选择"渐变"工具▢，单击属性栏中的"点按可编辑渐变"按钮▬▬▬，弹出"渐变编辑器"对话框，将渐变色设为由白色到黑色，单击"确定"按钮。在属性栏中选择"线性渐变"按钮▢，在图像中由上至下拖曳渐变，效果如图 7-188 所示。用相同的方法制作出侧面图像的投影效果，如图 7-189 所示。

图 7-188

图 7-189

步骤 9 在"图层"控制面板中，单击"背景"图层左侧的眼睛图标 👁，将"背景"图层隐藏。按 Ctrl+Shift+S 组合键，弹出"存储为"对话框，将制作好的图像命名为"酒盒包装立体图"，保存为 PNG 格式，单击"保存"按钮，弹出"PNG 选项"对话框，单击"确定"按钮，将图像保存。

3. 制作包装广告效果

步骤 1 按 Ctrl+O 组合键，打开光盘中的"Ch07 > 素材 > 制作酒盒包装 > 06"文件，图像效果如图 7-190 所示。

步骤 2 按 Ctrl+O 组合键，打开光盘中的"Ch07 > 素材 > 制作酒盒包装 > 07"文件。选择"移动"工具 ⊕，将素材图片拖曳到图像窗口的适当位置，效果如图 7-191 所示。在"图层"控制面板中生成新的图层并将其命名为"装饰"。

图 7-190

图 7-191

步骤 3 单击"图层"控制面板下方的"添加图层蒙版"按钮 ▢，为"装饰"图层添加蒙版，如图 7-192 所示。选择"渐变"工具 ▢，单击属性栏中的"点按可编辑渐变"按钮 ▬▬ ，弹出"渐变编辑器"对话框，将渐变色设为从黑色到白色，如图 7-193 所示，单击"确定"按钮，在装饰图片上从下至上拖曳渐变色，效果如图 7-194 所示。

图 7-192

图 7-193

图 7-194

步骤 4 在"图层"控制面板上方，将"装饰"图层的混合模式设为"正片叠底"，如图 7-195 所示，效果如图 7-196 所示。

步骤 5 按 Ctrl+O 组合键，打开光盘中的"Ch07 > 效果 > 制作酒盒包装 > 酒盒包装立体图"文件。选择"移动"工具 ⊕，将素材图片拖曳到图像窗口的适当位置。按 Ctrl+T 组合键，图像周围出现控制手柄，拖曳控制手柄改变图像的大小，按 Enter 键确认操作，效果如图 7-197 所示。在"图层"控制面板中生成新的图层并将其命名为"立体效果"。

步骤 6 按 Ctrl+O 组合键，打开光盘中的"Ch07 > 素材 > 制作酒盒包装 > 08、09"文件。选择"移动"工具 ，分别将素材图片拖曳到图像窗口的适当位置，效果如图 7-198 所示。在"图层"控制面板中分别生成新的图层并将其命名为"文字"和"彩带"。酒盒包装制作完成。

图 7-195

图 7-196

图 7-197

图 7-198

7.3.4 【相关工具】

1. 创建新通道

在编辑图像的过程中，可以建立新的通道，还可以在新建的通道中对图像进行编辑。新建通道，有以下几种方法。

使用"通道"控制面板弹出式菜单：单击"通道"控制面板右上方的图标 ，在弹出式菜单中选择"新建通道"命令，弹出"新建通道"对话框，如图 7-199 所示，单击"确定"按钮，"通道"控制面板中会建好一个新通道，即"Alpha 1"通道，如图 7-200 所示。

图 7-199

图 7-200

"名称"选项用于设定当前通道的名称；"色彩指示"选项组用于选择两种区域方式。"颜色"选项可以设定新通道的颜色；"不透明度"选项用于设定当前通道的不透明度。

使用"通道"控制面板按钮：单击"通道"控制面板中的"创建新通道"按钮 ，即可创建一个新通道。

2. 复制通道

复制通道命令用于将现有的通道进行复制，产生多个相同属性的通道。复制通道，有以下几种方法。

使用"通道"控制面板弹出式菜单：单击"通道"控制面板右上方的图标 ，在弹出式菜单中选择"复制通道"命令，弹出"复制通道"对话框，如图 7-201 所示。

"为"选项用于设定复制通道的名称。"文档"选项用于设定复制通道的文件来源。

使用"通道"控制面板按钮：将"通道"控制面板中需要复制的通道拖放到下方的"创建新通道"按钮 上，就可以将所选的通道复制为一个新通道。

3. 删除通道

不用的或废弃的通道可以将其删除，以免影响操作。

删除通道，有以下几种方法。

使用"通道"控制面板弹出式菜单：单击"通道"控制面板右上方的图标 ，在弹出式菜单中选择"删除通道"命令，即可将通道删除。

使用"通道"控制面板按钮：单击"通道"控制面板中的"删除当前通道"按钮 ，弹出"删除通道"提示框，如图 7-202 所示，单击"是"按钮，将通道删除。也可将需要删除的通道拖放到"删除当前通道"按钮 上，也可以将其删除。

图 7-201

图 7-202

4. 通道选项

通道选项命令用于设定 Alpha 通道。单击"通道"控制面板右上方的图标 ，在弹出式菜单中选择"通道选项"命令，弹出"通道选项"对话框，如图 7-203 所示。

"名称"选项用于命名通道名称。"色彩指示"选项组用于设定通道中蒙版的显示方式："被蒙版区域"选项表示蒙版区为深色显示、非蒙版区为透明显示；"所选区域"选项表示蒙版区为透明显示、非蒙版区为深色显示；"专色"选项表示以专色显示。"颜色"选项用于设定填充蒙版的颜色。"不透明度"选项用于设定蒙版的不透明度。

图 7-203

7.3.5 【实战演练】制作午后甜点包装

使用矩形工具绘制包装袋的形状。使用羽化命令和高斯模糊命令制作包装封条和高光效果。使用自定形状工具绘制装饰图形。使用文字工具添加宣传性文字。最终效果参看光盘中的"Ch07 > 效果 > 制作午后甜点包装"，如图 7-204 所示。

7.4　综合演练——制作饮料包装

7.4.1　【案例分析】

饮料品种丰富多样，不同种类的饮料包装也不近相同，本例是为某食品公司制作的饮料包装，设计要求与包装产品契合，抓住产品特色。

7.4.2　【设计理念】

在设计制作过程中，包装使用铝制材料，蓝色与白色搭配使用给人带来清爽舒适的感觉，倾斜的字体使画面充满节奏与动感，底部是使用冰块的图案，更加增添了画面的清凉感觉，包装整体内容丰富，设计与产品相符。

7.4.3　【知识要点】

使用渐变工具和添加图层混合模式命令制作背景效果。使用添加图层蒙版命令制作冰块效果。使用剪贴蒙版命令制作饮料包装立体效果。最终效果参看光盘中的"Ch07 > 效果 > 制作饮料包装"，如图 7-205 所示。

图 7-204

图 7-205

7.5　综合演练——制作 MP3 包装

7.5.1　【案例分析】

MP3 得到很多人的喜爱，因为它可以方便快捷地使人随时随地收听到喜爱的音乐，本例是为某公司制作的 MP3 的包装设计，设计要求体现 MP3 的最新设计。

7.5.2　【设计理念】

MP3 的包装设计背景使用非常炫酷的设计，使前方的产品醒目突出。文字设计具有立体感，与图片和装饰图形巧妙结合，展示出 MP3 现代、时尚的特性；通过艺术处理的文字揭示出宣传的主题和产品的具体信息。

7.5.3　【知识要点】

使用钢笔工具绘制包装平面图形状。使用圆角矩形工具和文字工具制作装饰图形效果。使用自由变换命令和斜面和浮雕命令制作包装的立体效果。最终效果参看光盘中的"Ch07 > 效果 > 制作 MP3 包装"，如图 7-206 所示。

图 7-206

第8章 网页设计

一个优秀的网站必定有着独具特色的网页设计，漂亮的网页页面能够吸引浏览者的注意力。设计网页时要根据网络的特殊性对页面进行精心的设计和编排。本章以制作多个类型的网页为例，介绍网页的设计方法和制作技巧。

课堂学习目标

- 掌握网页的设计思路和表现手法
- 掌握网页的制作方法和技巧

8.1 制作旅游网页

8.1.1 【案例分析】

本案例是为某旅游公司制作的宣传网页，网页主要服务的受众是喜欢旅游的人士。网页在设计风格上要突出重点、简洁直观、易于浏览。

8.1.2 【设计理念】

在设计制作过程中，使用白色作为背景烘托出网页的现代和时尚感。将导航栏置于网页的上方，简洁直观、便于操作。使用不同的图片构成不同的网页区域，使读者易于浏览。整体设计美观大方、具有较强的吸引力。最终效果参看光盘中的“Ch08 > 效果 > 制作旅游网页”，如图 8-1 所示。

图 8–1

8.1.3 【操作步骤】

1. 添加宣传内容

步骤 1 按 Ctrl+N 组合键，新建一个文件，宽度为 39cm，高度为 29cm，分辨率为 72 像素/英寸，颜色模式为 RGB，背景内容为白色，单击“确定”按钮。

步骤 2 新建图层并将其命名为“长方形”。选择“矩形选框”工具，在图像窗口中绘制一个矩形选区，如图 8-2 所示。

步骤 3 选择“渐变”工具，单击属性栏中的“点按可编辑渐变”按钮，弹出“渐变编辑器"对话框,在"位置"选项中分别输入 0、40、100 3 个位置点,分别设置 3 个位置点颜色的 RGB 值为 0(154、191、62),40(224、232、137),100(86、140、53),如图 8-3 所示,单击"确定"按钮。在选区中从上向下拖曳渐变色。按 Ctrl+D 组合键,取消选区,效果如图 8-4 所示。

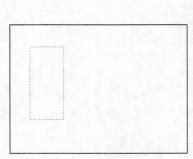

图 8-2　　　　　　　　　　图 8-3　　　　　　　　　　图 8-4

步骤 4 单击"图层"控制面板下方的"添加图层样式"按钮 *fx*,在弹出的菜单中选择"投影"命令,弹出相应的对话框,将投影颜色设为灰色(其 R、G、B 的值分别为 210、210、210),其他选项的设置如图 8-5 所示,单击"确定"按钮,效果如图 8-6 所示。

图 8-5　　　　　　　　　　　　　　　　图 8-6

步骤 5 按 Ctrl+O 组合键,打开光盘中的"Ch08 > 素材 > 制作旅游网页 > 01"文件,选择"移动"工具 ,将 01 图片拖曳到图像窗口的适当位置,如图 8-7 所示。在"图层"控制面板中生成新图层并将其命名为"泰国"。按 Ctrl+Alt+G 组合键,为该图层创建剪贴蒙版,效果如图 8-8 所示。

图 8-7　　　　　　　　　　　　　图 8-8

步骤 6 新建图层并将其命名为"长方形 2"。选择"矩形选框"工具 ,在图像窗口中绘制一个矩形选区，如图 8-9 所示。

步骤 7 选择"渐变"工具 ，单击属性栏中的"点按可编辑渐变"按钮 ，弹出"渐变编辑器"对话框，在"位置"选项中分别输入 0、40、100 3 个位置点，分别设置 3 个位置点颜色的 RGB 值为 0（49、144、183），40（165、217、226），100（3、84、138），如图 8-10 所示，单击"确定"按钮。在图像窗口中从上向下拖曳渐变色。按 Ctrl+D 组合键，取消选区，效果如图 8-11 所示。

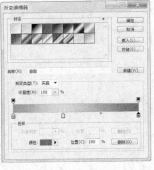

图 8-9   图 8-10   图 8-11

步骤 8 单击"图层"控制面板下方的"添加图层样式"按钮 *fx.*，在弹出的菜单中选择"投影"命令，弹出相应的对话框，将投影颜色设为灰色（其 R、G、B 的值分别为 210、210、210），其他选项的设置如图 8-12 所示，单击"确定"按钮，效果如图 8-13 所示。

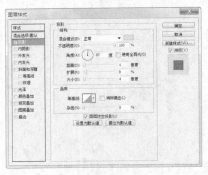

图 8-12   图 8-13

步骤 9 按 Ctrl+O 组合键，打开光盘中的"Ch08 > 素材 > 制作旅游网页 > 02"文件，选择"移动"工具 ，将 02 图片拖曳到图像窗口的适当位置，如图 8-14 所示。在"图层"控制面板中生成新图层并将其命名为"冰雪王国"。按 Ctrl+Alt+G 组合键，为该图层创建剪贴蒙版，效果如图 8-15 所示。

图 8-14   图 8-15

步骤 `10` 将前景色设为白色。选择"横排文字"工具 `T`，分别输入需要的文字。选择"移动"工具 `►+`，在属性栏中分别选择合适的字体并设置大小，效果如图 8-16 所示。

步骤 `11` 新建图层并将其命名为"长方形 3"。将前景色设为灰色（其 R、G、B 的值分别为 210、210、210）。选择"矩形选框"工具 `□`，在图像窗口中绘制一个矩形选区，如图 8-17 所示。按 Alt+Delete 组合键，用前景色填充选区。按 Ctrl+D 组合键，取消选区，效果如图 8-18 所示。

图 8-16　　　　　图 8-17　　　　　图 8-18

步骤 `12` 单击"图层"控制面板下方的"添加图层样式"按钮 `fx`，在弹出的菜单中选择"投影"命令，弹出相应的对话框，将投影颜色设为灰色（其 R、G、B 的值分别为 210、210、210），其他选项的设置如图 8-19 所示，单击"确定"按钮，效果如图 8-20 所示。

图 8-19　　　　　图 8-20

步骤 `13` 按 Ctrl+O 组合键，打开光盘中的"Ch08 > 素材 > 制作旅游网页 > 03"文件，选择"移动"工具 `►+`，将 03 图片拖曳到图像窗口的适当位置，如图 8-21 所示。在"图层"控制面板中生成新图层并将其命名为"欧洲"。按 Ctrl+Alt+G 组合键，为该图层创建剪贴蒙版，效果如图 8-22 所示。

步骤 `14` 将前景色设为白色。选择"横排文字"工具 `T`，输入需要的文字。选择"移动"工具 `►+`，在属性栏中选择合适的字体并设置大小，效果如图 8-23 所示。

图 8-21　　　　　图 8-22　　　　　图 8-23

步骤 15 新建图层并将其命名为"长方形4"。选择"矩形选框"工具 ⬚，在图像窗口中绘制一个矩形选区，如图8-24所示。

步骤 16 选择"渐变"工具 ▭，单击属性栏中的"点按可编辑渐变"按钮 ▭，弹出"渐变编辑器"对话框，在"位置"选项中分别输入0、40、100 3个位置点，分别设置3个位置点颜色的RGB值为0 (57、182、158)，40 (163、219、191)，100 (13、139、130)，如图8-25所示，单击"确定"按钮。在图像窗口中从上向下拖曳渐变色。按Ctrl+D组合键，取消选区，效果如图8-26所示。

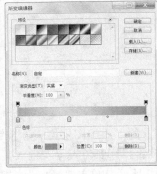

图8-24　　　　　　　　　　图8-25　　　　　　　　　　图8-26

步骤 17 单击"图层"控制面板下方的"添加图层样式"按钮 _fx._，在弹出的菜单中选择"投影"命令，弹出相应的对话框，将投影颜色设为灰色（其R、G、B的值分别为210、210、210），其他选项的设置如图8-27所示，单击"确定"按钮，效果如图8-28所示。

图8-27　　　　　　　　　　　　　图8-28

步骤 18 新建图层并将其命名为"白色块。将前景色设为白色。选择"矩形选框"工具 ⬚，在图像窗口中绘制一个矩形选区。按Alt+Delete组合键，用前景色填充选区。按Ctrl+D组合键，取消选区，效果如图8-29所示。

步骤 19 单击"图层"控制面板下方的"添加图层样式"按钮 _fx._，在弹出的菜单中选择"投影"命令，弹出相应的对话框，将投影颜色设为深绿色（其R、G、B的值分别为9、138、125），其他选项的设置如图8-30所示，单击"确定"按钮，效果如图8-31所示。

步骤 20 新建图层并将其命名为"色块"。将前景色设为浅棕色（其R、G、B的值分别为139、116、115）。选择"矩形选框"工具 ⬚，在图像窗口中绘制一个矩形选区。按Alt+Delete组合键，用前景色填充选区。按Ctrl+D组合键，取消选区，效果如图8-32所示。

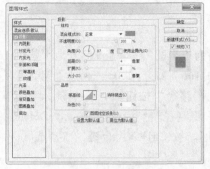

图 8-29 图 8-30 图 8-31 图 8-32

步骤 21 按 Ctrl+O 组合键，打开光盘中的"Ch08 > 素材 > 制作旅游网页 > 04"文件，选择"移动"工具 ，将 04 图片拖曳到图像窗口的适当位置，如图 8-33 所示。在"图层"控制面板中生成新图层并将其命名为"日本"。按 Ctrl+Alt+G 组合键，为该图层创建剪贴蒙版，效果如图 8-34 所示。

步骤 22 将前景色设为深绿色（其 R、G、B 的值分别为 9、138、125）。选择"横排文字"工具 ，输入需要的文字。选择"移动"工具 ，在属性栏中选择合适的字体并设置大小，效果如图 8-35 所示。用相同的方法制作其他图形效果，如图 8-36 所示。

图 8-33 图 8-34 图 8-35 图 8-36

步骤 23 将前景色设为白色。新建图层并将其命名为"透明圆形"。选择"椭圆选框"工具 ，单击属性栏中的"从选区减去"按钮 ，在图像窗口中适当的位置绘制两个圆形，如图 8-37 所示。按 Alt+Delete 组合键，用前景色填充选区。按 Ctrl+D 组合键，取消选区，效果如图 8-38 所示。在"图层"控制面板上方，将该图层的"不透明度"选项设为 20%，效果如图 8-39 所示。

步骤 24 新建图层并将其命名为"圆形"。选择"椭圆选框"工具 ，在图像窗口中适当的位置绘制两个圆形。按 Alt+Delete 组合键，用前景色填充选区。按 Ctrl+D 组合键，取消选区，效果如图 8-40 所示。

图 8-37 图 8-38 图 8-39 图 8-40

2. 制作导航条及添加文字

步骤 1 新建图层并将其命名为"半圆"。将前景色设为水蓝色
（其 R、G、B 的值分别为 166、219、240）。选择"钢笔"
工具，选中属性栏中的"路径"按钮，拖曳鼠标绘制
路径。按 Ctrl+Enter 组合键，将路径转换为选区。按 Alt+Delete
组合键，用前景色填充选区。按 Ctrl+D 组合键，取消选区，
效果如图 8-41 所示。

步骤 2 新建图层并将其命名为"形状"。选择"钢笔"工具，
拖曳鼠标绘制路径。按 Ctrl+Enter 组合键，将路径转换为选
区，如图 8-42 所示。

步骤 3 选择"渐变"工具，单击属性栏中的"点按可编辑渐变"按钮，弹出"渐
变编辑器"对话框，将渐变颜色设为从水蓝色（其 R、G、B 的值分别为 209、227、242）
到深蓝色（其 R、G、B 的值分别为 53、119、176），如图 8-43 所示，单击"确定"按钮。
选中属性栏中的"径向渐变"按钮，按住 Shift 键的同时，在选区中从右上角向左下角拖
曳渐变色，取消选区后，效果如图 8-44 所示。用相同的方法绘制其他不规则图形，并填充
适当的渐变色，效果如图 8-45 所示。

图 8-41

 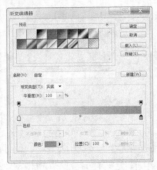  

图 8-42   图 8-43   图 8-44   图 8-45

步骤 4 将前景色设为湖蓝色（其 R、G、B 的值分别为 52、168、172）。选择"横排文字"工
具，在属性栏中选择合适的字体并设置文字大小，输入文字，如图 8-46 所示。在"图层"
控制面板中生成新的文字图层。

步骤 5 将前景色设为橘黄色（其 R、G、B 的值分别为 245、169、21）。新建图层并将其命名
为"圆角矩形"。选择"圆角矩形"工具，选中属性栏中的"填充像素"按钮，将"半
径"选项设为 35px，在图像窗口中绘制一个圆角矩形，效果如图 8-47 所示。

图 8-46   图 8-47

步骤 6 单击"图层"控制面板下方的"添加图层样式"按钮 *fx*，在弹出的菜单中选择"投影"命令，弹出相应的对话框，将投影颜色设为灰色（其 R、G、B 的值分别为 210、210、210），其他选项的设置如图 8-48 所示，单击"确定"按钮，效果如图 8-49 所示。

图 8-48

图 8-49

步骤 7 将前景色设为白色。选择"横排文字"工具 T，在属性栏中选择合适的字体并设置文字大小，输入文字，如图 8-50 所示。在"图层"控制面板中生成新的文字图层。选取需要的文字，填充文字为湖蓝色（其 R、G、B 的值分别为 52、118、176），效果如图 8-51 所示。

步骤 8 按 Ctrl+O 组合键，打开光盘中的"Ch08 > 素材 > 制作旅游网页 >06"文件，选择"移动"工具 ，将 06 图片拖曳到图像窗口的适当位置，效果如图 8-52 所示。在"图层"控制面板中生成新图层并将其命名为"文字"。旅游网页制作完成。

图 8-50

图 8-51

图 8-52

8.1.4 【相关工具】

1. 路径控制面板

在新文件中绘制一条路径，再选择"窗口 > 路径"命令，弹出"路径"控制面板，如图 8-53 所示。

2. 新建路径

使用"路径"控制面板弹出式菜单：单击"路径"控制面板右上方的图标 ，弹出其下拉命令菜单。在弹出式菜单中选择"新建路径"命令，弹出"新建路径"对话框，如图 8-54 所示，单击

图 8-53

"确定"按钮,"路径"控制面板如图 8-55 所示。

图 8-54　　　　　　　　　　　　　　　　图 8-55

"名称"选项用于设定新路径的名称,可以选择与前一路径创建剪贴蒙版。

使用"路径"控制面板按钮或快捷键:单击"路径"控制面板中的"创建新路径"按钮 ◻,可以创建一个新路径;按住 Alt 键,单击"路径"控制面板中的"创建新路径"按钮 ◻,弹出"新建路径"对话框。

3. 复制路径

复制路径,有以下几种方法。

使用"路径"控制面板弹出式菜单:单击"路径"控制面板右上方的图标 ▤,在弹出式菜单中选择"复制路径"命令,弹出"复制路径"对话框,如图 8-56 所示。"名称"选项用于设定复制路径的名称,单击"确定"按钮,"路径"控制面板如图 8-57 所示。

图 8-56　　　　　　　　　　　　　　图 8-57

使用"路径"控制面板按钮:将"路径"控制面板中需要复制的路径拖放到下面的"创建新路径"按钮 ◻ 上,就可以将所选的路径复制为一个新路径。

4. 删除路径

删除路径,有以下几种方法。

使用"路径"控制面板弹出式菜单:单击"路径"控制面板右上方的图标 ▤,在弹出式菜单中选择"删除路径"命令,将路径删除。

使用"路径"控制面板按钮:选择需要删除的路径,单击"路径"控制面板中的"删除当前路径"按钮 🗑,将选择的路径删除,或将需要删除的路径拖放到"删除当前路径"按钮 🗑 上,将路径删除。

5. 重命名路径

双击"路径"控制面板中的路径名,出现重命名路径文本框,改名后按 Enter 键即可,效果如图 8-58 所示。

图 8-58

6. 路径选择工具

路径选择工具用于选择一个或几个路径并对其进行移动、组合、对齐、分布和变形。启用"路径选择"工具，有以下几种方法。

选择"路径选择"工具，或反复按 Shift+A 组合键，其属性栏状态如图 8-59 所示。

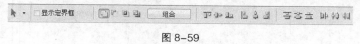

图 8-59

在属性栏中，勾选"显示定界框"选项的复选框，就能够对一个或多个路径进行变形，路径变形的信息将显示在属性栏中，如图 8-60 所示。

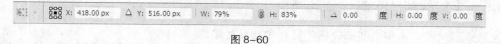

图 8-60

7. 直接选择工具

直接选择工具用于移动路径中的锚点或线段，还可以调整手柄和控制点。启用"直接选择"工具，有以下几种方法。

选择"直接选择"工具，或反复按 Shift+A 组合键。启用"直接选择"工具，拖曳路径中的锚点来改变路径的弧度，如图 8-61 所示。

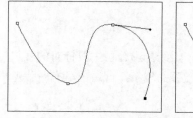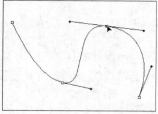

图 8-61

8. 矢量蒙版

原始图像效果如图 8-62 所示。选择"自定形状"工具，在属性栏中选中"路径"按钮，在形状选择面板中选中"五角星"图形，如图 8-63 所示。

在图像窗口中绘制路径，如图 8-64 所示，选中"五角星"，选择"图层 > 矢量蒙版 > 当前路径"命令，为"图层 1"添加矢量蒙版，如图 8-65 所示，图像窗口中的效果如图 8-66 所示。选择"直接选择"工具可以修改路径的形状，从而修改蒙版的遮罩区域，如图 8-67 所示。

图 8-62

图 8-63

图 8-64

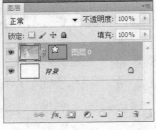

图 8-65

图 8-66

图 8-67

8.1.5　【实战演练】制作食品网页

使用矩形选框工具和椭圆形选框工具制作背景效果。使用椭圆工具、圆角矩形工具、直线工具和文字工具制作图标和导航条效果。使用文字工具添加宣传性文字。最终效果参看光盘中的"Ch08 > 效果 > 制作食品网页"，如图 8-68 所示。

图 8-68

8.2　制作婚纱摄影网页

8.2.1　【案例分析】

本例是为婚纱摄影公司设计制作的网页。婚纱摄影公司主要针对的客户是即将踏入婚姻殿堂的新人们。在网页设计上希望能表现出浪漫温馨的气氛，创造出具有时代魅力的婚纱艺术效果。

8.2.2　【设计理念】

在设计制作过程中，页面中间使用金色的背景和具有时代艺术特点的装饰花纹充分体现出页面的高贵典雅和时尚美观。漂亮的婚纱照和玫瑰花的结合处理，充分体现出婚纱摄影带给新人的浪漫和温馨。页面上方的导航栏设计简洁大方，有利于新人的浏览。页面下方对公司的业务信息和活动内容进行了灵活的编排，展示出宣传的主题。最终效果参看光盘中的"Ch08 > 效果 > 制作婚纱摄影网页"，如图 8-69 所示。

图 8-69

8.2.3　【操作步骤】

1. 制作背景效果

步骤 1　按 Ctrl+O 组合键，打开光盘中的"Ch08 > 素材 > 制作婚纱摄影网页 > 01"文件，如图 8-70 所示。单击"图层"控制面板下方的"创建新组"按钮 ▢，生成新的图层组并将其命名为"导航"。

步骤 2　将前景色设为白色。选择"自定形状"工具 ，单击属性栏中的"形状"选项，弹出"形状"面板，单击面板右上方的按钮 ，在弹出的菜单中选择"全部"选项，弹出提示对话框，单击"确定"按钮。在"形状"面板中选中图形"花形装饰 4"，如图 8-71 所示。单击属性栏中的"形状图层"按钮 ，按住 Shift 键的同时，在图像窗口中拖曳鼠标绘制图形，效果如图 8-72 所示。

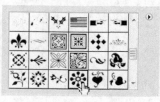

图 8-70　　　　　　　　图 8-71　　　　　　　　图 8-72

步骤 3　单击"图层"控制面板下方的"添加图层样式"按钮 *fx*，在弹出的菜单中选择"颜色叠加"命令，弹出对话框，将叠加颜色设为灰色（其 R、G、B 的值分别为 233、233、233），其他选项的设置如图 8-73 所示，单击"确定"按钮，效果如图 8-74 所示。

图 8-73　　　　　　　　　　　图 8-74

步骤 4　单击"图层"控制面板下方的"添加图层样式"按钮 *fx*，在弹出的菜单中选择"描边"命令，弹出对话框，将描边颜色设为浅灰色（其 R、G、B 的值分别为 220、220、220），其他选项的设置如图 8-75 所示，单击"确定"按钮，隐藏路径后，效果如图 8-76 所示。

步骤 5　将前景色设为粉红色（其 R、G、B 的值分别为 214、8、95）。选择"自定形状"工具 ，单击属性栏中的"形状"选项，弹出"形状"面板，在"形状"面板中选中图形"红心形卡"，如图 8-77 所示。选中属性栏中的"填充像素"按钮 ▢，按住 Shift 键的同时，在图像窗口中拖曳鼠标绘制图形，效果如图 8-78 所示。

图 8-75

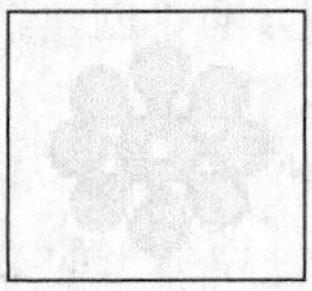

图 8-76

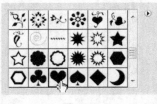

图 8-77

图 8-78

步骤 6 单击"图层"控制面板下方的"添加图层样式"按钮 *fx*.，在弹出的菜单中选择"描边"命令，弹出对话框，将描边颜色设为白色，其他选项的设置如图 8-79 所示，单击"确定"按钮，隐藏路径后，效果如图 8-80 所示。

图 8-79

图 8-80

步骤 7 选择"横排文字"工具 T.，在适当的位置输入需要的文字，选取文字，在属性栏中选择合适的字体并设置文字大小，按 Alt+向左方向键，调整文字间距，效果如图 8-81 所示，在"图层"控制面板中生成新的文字图层。选择"横排文字"工具 T.，选中文字"爱惜"，填充文字为黑色，取消文字选取状态，效果如图 8-82 所示。

步骤 8 将前景色设为淡灰色（其 R、G、B 的值分别为 160、160、160）。选择"横排文字"工具 T.，在适当的位置输入需要的文字，选取文字，在属性栏中选择合适的字体并设置文字大小，效果如图 8-83 所示，在"图层"控制面板中生成新的文字图层。

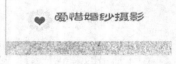

图 8-81

图 8-82

图 8-83

步骤 9 将前景色设为深灰色（其 R、G、B 的值分别为 127、126、125）。选择"横排文字"工具 T.，在适当的位置输入需要的文字，选取文字，在属性栏中选择合适的字体并设置文字大小，效果如图 8-84 所示，在"图层"控制面板中生成新的文字图层。选择"横排文字"工具 T.，选中文字"首页"，填充文字为粉红色（其 R、G、B 的值分别为 214、8、95），取消文字选取状态，效果如图 8-85 所示。

图 8-84

图 8-85

步骤 **10** 将前景色设为黑色。选择"横排文字"工具 T.，在适当的位置分别输入需要的文字并选取文字，在属性栏中选择合适的字体并设置文字大小，效果如图 8-86 所示，在"图层"控制面板中分别生成新的文字图层。选择"横排文字"工具 T.，选中文字">>"，填充文字为粉红色（其 R、G、B 的值分别为 214、8、95），取消文字选取状态，效果如图 8-87 所示。

图 8-86    图 8-87

步骤 **11** 新建图层并将其命名为"黑线"。将前景色设为黑色。选择"直线"工具 ∕.，单击属性栏中的"填充像素"按钮 □，将"粗细"选项设置为 2px，按住 Shift 键的同时，在图像窗口中拖曳鼠标绘制一条直线，效果如图 8-88 所示。

图 8-88

步骤 **12** 新建图层并将其命名为"灰条"。选择"矩形"工具 □.，单击属性栏中的"填充像素"按钮 □，在适当的位置拖曳鼠标绘制一个矩形，如图 8-89 所示。在"图层"控制面板中，将"灰条"图层的"不透明度"选项设为 50%，图像效果如图 8-90 所示。单击"导航"图层组左侧的三角形图标 ▽，将"导航"图层组中的图层隐藏。

图 8-89

图 8-90

步骤 **13** 按 Ctrl+O 组合键，打开光盘中的"Ch08 > 素材 > 制作婚纱摄影网页 > 02"文件，选择"移动"工具 ⊹.，将图片拖曳到图像窗口中的适当位置，如图 8-91 所示，在"图层"控制面板中生成新的图层并将其命名为"标题"。

图 8-91

2. 编辑素材图片

步骤 1 单击"图层"控制面板下方的"创建新组"按钮 ⬛，生成新的图层组并将其命名为"图片"。新建图层并将其命名为"灰条 1"。将前景色设为黑色。选择"矩形"工具 ▢，单击属性栏中的"填充像素"按钮 ▢，在适当的位置拖曳鼠标绘制一个矩形，如图 8-92 所示。在"图层"控制面板中，将"灰条 1"图层的"不透明度"选项设为 55%，图像效果如图 8-93 所示。

图 8-92 图 8-93

步骤 2 将前景色设为白色。选择"横排文字"工具 T，单击属性栏中的"右对齐文本"按钮 ▤，在适当的位置分别输入需要的文字并选取文字，在属性栏中选择合适的字体并设置文字大小，效果如图 8-94 所示，在"图层"控制面板中分别生成新的文字图层。选择"横排文字"工具 T，选中数字"010-56823-69547"，填充文字为黄色（其 R、G、B 的值分别为 255、204、0），取消文字选取状态，效果如图 8-95 所示。

步骤 3 新建图层并将其命名为"竖条"。将前景色设为白色。选择"直线"工具 ✏，单击属性栏中的"填充像素"按钮 ▢，将"粗细"选项设置为 1px，按住 Shift 键的同时，在适当的位置拖曳鼠标绘制一条直线，效果如图 8-96 所示。在"图层"控制面板中，将"竖条"图层的"不透明度"选项设为 80%，图像效果如图 8-97 所示。

步骤 4 按 Ctrl+O 组合键，打开光盘中的"Ch08 > 素材 > 制作婚纱摄影网页 > 03"文件，选择"移动"工具 ▸₊，将图片拖曳到图像窗口中的适当位置，如图 8-98 所示，在"图层"控制面板中生成新的图层并将其命名为"电话"。

图 8-94 图 8-95 图 8-96 图 8-97 图 8-98

步骤 5 新建图层并将其命名为"框"。将前景色设为白色。选择"矩形"工具 ▢，单击属性栏中的"填充像素"按钮 ▢，在适当的位置分别拖曳鼠标绘制多个矩形，如图 8-99 所示。

图 8-99

步骤 6 单击"图层"控制面板下方的"添加图层样式"按钮 _fx._，在弹出的菜单中选择"描边"命令，弹出对话框，将描边颜色设为淡黑色（其 R、G、B 的值分别为 25、25、25），其他选项的设置如图 8-100 所示，单击"确定"按钮，效果如图 8-101 所示。

图 8-100

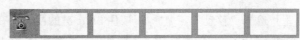

图 8-101

步骤 7 按 Ctrl+O 组合键，打开光盘中的"Ch08 > 素材 > 制作婚纱摄影网页 > 04"文件，选择"移动"工具 ，将图片拖曳到图像窗口中的适当位置，如图 8-102 所示，在"图层"控制面板中生成新的图层并将其命名为"图片 1"。按 Ctrl+Alt+G 组合键，为"图片 1"图层创建剪贴蒙版，效果如图 8-103 所示。

图 8-102

图 8-103

步骤 8 打开 05、06、07、08 文件，分别将其拖曳到图像窗口中适当的位置并调整其大小，用上述方法制作出如图 8-104 所示的效果。单击"图片"图层组左侧的三角形图标 ，将"图片"图层组中的图层隐藏。

图 8-104

3. 添加联系方式

步骤 1 单击"图层"控制面板下方的"创建新组"按钮 ，生成新的图层组并将其命名为"底部"。新建图层并将其命名为"黑框"。将前景色设为淡黑色（其 R、G、B 的值分别为 25、25、25）。选择"矩形"工具 ，单击属性栏中的"填充像素"按钮 ，在适当的位置拖曳鼠标绘制一个矩形，如图 8-105 所示。

图 8-105

步骤 2 在"导航"图层组中，按住 Shift 键的同时，依次单击选取需要的图层，如图 8-106 所示。按 Ctrl+J 组合键，复制选中的图层，生成新的副本图层，按 Ctrl+E 组合键，合并副本图层并将其命名为"标",如图 8-107 所示。将"标"图层拖曳到"底部"图层组中的"黑框"图层的上方,如图 8-108 所示。

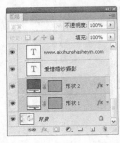

图 8-106   图 8-107   图 8-108

步骤 3 选择"移动"工具 ，按住 Shift 键的同时,在图像窗口中垂直向下拖曳复制出的图形到适当的位置,效果如图 8-109 所示。按 Ctrl+Shift+U 组合键,将图像去色,效果如图 8-110 所示。在"图层"控制面板中,将"标"图层的"不透明度"选项设为 50%,图像效果如图 8-111 所示。

图 8-109   图 8-110   图 8-111

步骤 4 将前景色设为淡灰色（其 R、G、B 的值分别为 138、138、138）。选择"横排文字"工具 ，单击属性栏中的"左对齐文本"按钮 ，在适当的位置分别输入需要的文字并选取文字,在属性栏中选择合适的字体并设置文字大小,效果如图 8-112 所示,在"图层"控制面板中分别生成新的文字图层。婚纱摄影网页制作完成,效果如图 8-113 所示。

图 8-112   图 8-113

8.2.4 【相关工具】

1. 图层组

当编辑多层图像时,为了方便操作,可以将多个图层建立在一个图层组中。
新建图层组,有以下几种方法。

使用"图层"控制面板弹出式菜单：单击"图层"控制面板右上方的图标 ，在弹出式菜单中选择"新建组"命令，弹出"新建组"对话框，如图 8-114 所示。

"名称"选项用于设定新图层组的名称；"颜色"选项用于选择新图层组在控制面板上的显示颜色；"模式"选项用于设定当前层的合成模式；"不透明度"选项用于设定当前层的不透明度值。单击"确定"按钮，建立如图 8-115 所示的图层组，也就是"组 1"。

使用"图层"控制面板按钮：单击"图层"控制面板中的"创建新组"按钮 ，将新建一个图层组。

使用"图层"命令：选择"图层 > 新建 > 组"命令，也可以新建图层组。

在"图层"控制面板中，可以按照需要的级次关系新建图层组和图层，如图 8-116 所示。

图 8-114

图 8-115

图 8-116

2.　恢复到上一步操作

在编辑图像的过程中可以随时将操作返回到上一步，也可以还原图像到恢复前的效果。

选择"编辑 > 还原"命令，或按 Ctrl+Z 组合键，可以恢复到图像的上一步操作。如果想还原图像到恢复前的效果，再次按 Ctrl+Z 组合键即可。

3.　中断操作

当 Photoshop CS5 正在进行图像处理时，如果想中断这次的操作，可以按 Esc 键。

4.　恢复到操作过程的任意步骤

在绘制和编辑图像的过程中，有时需要将操作恢复到某一个阶段。

"历史记录"控制面板可以将进行过多次处理操作的图像恢复到任一步操作前的状态，即所谓的"多次恢复功能"。其系统默认值为恢复 20 次及 20 次以内的所有操作，但如果计算机的内存足够大的话，还可以将此值设置得更大一些。选择"窗口 > 历史记录"命令，系统将弹出"历史记录"控制面板。

在控制面板下方的按钮由左至右依次为"从当前状态创建新文档"按钮 、"创建新快照"按钮 和"删除当前状态"按钮 。

此外，单击控制面板右上方的图标 ，系统将弹出"历史记录"控制面板的下拉命令菜单，如图 8-117 所示。

应用快照可以在"历史记录"控制面板中恢复被清除的历史记录。

在"历史记录"控制面板中单击记录过程中的任意一个操作步骤，图像就会恢复到该画面的效果。选择"历史记录"控制面板下拉菜单中的"前进一步"命令或按 Ctrl+Shift+Z 组合键，可以向下移动一个操作步骤，选择"后退一步"命令或按 Ctrl+Alt+Z 组合键，可以向上移动一

前进一步	Shift+Ctrl+Z
后退一步	Alt+Ctrl+Z
新建快照...	
删除	
清除历史记录	
新建文档	
历史记录选项...	
关闭	
关闭选项卡组	

图 8-117

个操作步骤。

在"历史记录"控制面板中选择"创建新快照"按钮 ，可以将当前的图像保存为新快照，新快照可以在"历史记录"控制面板中的历史记录被清除后对图像进行恢复。在"历史记录"控制面板中选择"从当前状态创建新文档"按钮 ，可以为当前状态的图像或快照复制一个新的图像文件。在"历史记录"控制面板中选择"删除当前状态"按钮 ，可以对当前状态的图像或快照进行删除。

在"历史记录"控制面板的默认状态下，当选择中间的操作步骤后进行图像的新操作，那么中间操作步骤后的所有记录步骤都会被删除。

5. 动作控制面板

"动作"控制面板用于对一批需要进行相同处理的图像执行批处理操作，以减少重复操作带来的麻烦。选择"窗口 > 动作"命令，或按 Alt+F9 组合键，弹出如图 8-118 所示的"动作"控制面板。其中包括"停止播放/记录"按钮 、"开始记录"按钮 、"播放选定的动作"按钮 、"创建新组"按钮 、"创建新动作"按钮 和"删除"按钮 。

单击"动作"控制面板右上方的图标 ，弹出其下拉菜单，如图 8-119 所示。

6. 创建动作

在"动作"控制面板中可以非常便捷地记录并应用动作。打开一幅图像，效果如图 8-120 所示。在"动作"控制面板的弹出式菜单中选择"新建动作"命令，弹出"新建动作"对话框，选项的设置如图 8-121 所示。单击"记录"按钮，在"动作"控制面板中出现"动作 1"，如图 8-122 所示。

图 8-118　　　　　图 8-119

图 8-120

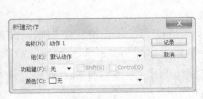

图 8-121

图 8-122

在"图层"控制面板中新建"图层 1"，如图 8-123 所示。在"动作"控制面板中记录下了新建"图层 1"的动作，如图 8-124 所示。在"图层 1"中绘制出渐变效果，如图 8-125 所示。在"动作"控制面板中记录下了渐变的动作，如图 8-126 所示。

图 8-123　　　　　　　图 8-124　　　　　　　图 8-125　　　　　　　图 8-126

在"图层"控制面板的"模式"下拉列表中选择"正片叠底"模式，如图 8-127 所示。在"动作"控制面板中记录下了选择混合模式的动作，如图 8-128 所示。对图像的编辑完成后，效果如图 8-129 所示。在"动作"控制面板的弹出式菜单中选择"停止记录"命令，即可完成"动作 1"的记录，如图 8-130 所示。

图 8-127　　　　　　　图 8-128　　　　　　　图 8-129　　　　　　　图 8-130

图像的编辑过程被记录在"动作 1"中，"动作 1"中的编辑过程可以应用到其他的图像中。打开一幅图像，效果如图 8-131 所示。在"动作"控制面板中选择"动作 1"，如图 8-132 所示。单击"播放选定的动作"按钮 ，图像编辑的过程和效果就是刚才编辑图像时的编辑过程和效果，如图 8-133 所示。

图 8-131　　　　　　　图 8-132　　　　　　　图 8-133

8.2.5　【实战演练】制作流行音乐网页

使用圆角矩形工具和文字工具制作导航条。使用圆角矩形工具、图层样式命令和剪贴蒙版命令制作宣传板。最终效果参看光盘中的"Ch08＞效果＞制作流行音乐网页"，如图 8-134 所示。

图 8-134

8.3　综合演练——制作写真模板网页

8.3.1　【案例分析】

本例制作写真模板网页。写真模板是为摄影写真提供新鲜、时尚、美观的模板，受到很多人的欢迎和喜爱，网页设计要求画面美观，视觉醒目。

8.3.2　【设计理念】

在设计制作过程中，页面背景使用色彩艳丽醒目的粉色，与白色的页面与背景形成强烈地对比，在展现时尚气息的同时，突出网页设计的主体。上方的导航设计清晰直观，装饰图形丰富多样，在方便人们浏览的同时，体现出浪漫、温馨的氛围；整个网页设计时尚温馨，注重细节的处理和设计，色彩丰富明亮，使浏览者赏心悦目、心情愉悦。

8.3.3　【知识要点】

使用渐变工具和染色玻璃滤镜命令制作背景效果，使用圆角矩形工具和创建剪切蒙版命令制作图片剪切效果，使用添加图层样式按钮为图片和文字特殊效果。最终效果参看光盘中的"Ch08 > 效果 > 制作写真模板网页"，如图8-135 所示。

图 8-135

8.4　综合演练——制作汽车网页

8.4.1　【案例分析】

本例是为某汽车公司制作的网页。网页设计要求能重点展示出产品，同时体现出产品的时尚和现代感，展示出汽车行业的科技性。

8.4.2 【设计理念】

在设计制作过程中，使用纯白的背景和浅色的装饰块突显出画面干净清爽的特性，同时突出网页宣传的主体。中心以展示汽车展品为主，给人明确清晰、醒目直观的印象，宣传性强。红色的导航及文字在浅色的背景衬托下显眼突出，可读性强；整个网页设计简洁时尚，主题突出。

8.4.3 【知识要点】

使用矩形工具、椭圆形工具、矢量蒙版命令和剪贴蒙版命令制作背景效果。使用钢笔工具绘制图标图形。使用圆角矩形工具、添加图层样式命令和文字工具制作导航条。使用文字工具添加宣传性文字。最终效果参看光盘中的"Ch08 > 效果 > 制作汽车网页"，如图 8-136 所示。

图 8-136

第9章 综合设计实训

本章的综合设计实训案例，是根据商业设计项目真实情境来训练学生如何利用所学知识完成商业设计项目。通过多个设计项目案例的演练，使学生进一步牢固掌握 Photoshop CS5 的强大操作功能和使用技巧，并应用好所学技能制作出专业的商业设计作品。

案例类别

- 卡片设计
- 宣传单设计
- 广告设计
- 书籍装帧设计
- 包装设计

9.1 卡片设计——制作西餐厅代金券

9.1.1 【项目背景及要求】

1. 客户名称

六月西兰牛扒西餐厅

2. 客户需求

六月西兰牛扒西餐厅以牛扒为餐厅的招牌菜，要求为本店设计牛扒代金券，作为本店优惠活动及招揽顾客所用，餐厅的定位是时尚、优雅、高端，所以代金券的设计要与餐厅的定位吻合，体现餐厅的特色与品位。

3. 设计要求

（1）代金券设计要将牛扒作为画面主体，体现代金券的价值与内容。

（2）设计风格简洁时尚，画面内容要将代金券的要素全面的体现出来。

（3）要求使用低调奢华的颜色，以体现餐厅品位。

（4）设计规格均为 190mm（宽）× 60mm（高）分辨率 300 dpi。

9.1.2　【项目创意及制作】

1. 设计素材

图片素材所在位置：光盘中的"Ch09 > 素材 > 制作西餐厅代金券 > 01~06"。

文字素材所在位置：光盘中的"Ch09 > 素材 > 制作西餐厅代金券 > 文字文档"。

2. 设计作品

设计作品效果所在位置：光盘中的"Ch09 > 效果 > 制作西餐厅代金券"，如图 9-1 所示。

图 9-1

3. 步骤提示

步骤 1　新建图层并将其命名为"矩形块 1"。将前景色设为黄色（其 R、G、B 的值分别为 240、188、24）。选择"矩形"工具，单击属性栏中的"填充像素"按钮，在适当的位置拖曳鼠标绘制一个矩形，如图 9-2 所示。

步骤 2　按 Ctrl+O 组合键，打开光盘中的"Ch09 > 素材 > 制作西餐厅代金券 > 03、04、05"文件，选择"移动"工具，分别将图片拖曳到图像窗口中适当的位置，如图 9-3 所示，在"图层"控制面板中分别生成新的图层并将其命名为"图片 1"、"装饰框"、"图片 2"。

图 9-2

图 9-3

步骤 3　将前景色设为黑色。选择"多边形"工具，单击属性栏中的"几何选项"按钮，在弹出的"多边形选项"面板中进行设置，如图 9-4 所示，将"边"选项设为 45，单击属性栏中的"填充像素"按钮，按住 Shift 键的同时，在图像窗口中拖曳鼠标绘制图形，效果如图 9-5 所示。

步骤 4　按 Ctrl+O 组合键，打开光盘中的"Ch09 > 素材 > 制作西餐厅代金券 > 06"文件，选择"移动"工具，将图片拖曳到图像窗口中适当的位置，如图 9-6 所示，在"图层"控制面板中生成新的图层并将其命名为"图片 2"。按 Ctrl+Alt+G 组合键，为"图片 2"图层创建剪贴蒙版，效果如图 9-7 所示。

图 9-4   图 9-5   图 9-6   图 9-7

9.2 宣传单设计——制作寿司宣传单

9.2.1 【项目背景及要求】

1. 客户名称

经典料理餐馆

2. 客户需求

经典料理是一家正宗的料理餐馆，寿司是本店的招牌特色，本店在即将开业之际，要求制作宣传单，能够适用于街头派发，橱窗及公告栏展示，宣传单要求内容丰富，重点宣传本店特色，以及优惠活动。

3. 设计要求

（1）宣传单要求以经典料理的寿司实图为宣传单的主要图片内容。

（2）使用浅色的背景用以衬托画面，让画面看起来干净清爽。

（3）设计要求表现本店的时尚、简约的独特风格，色彩搭配明快艳丽，给人新鲜的视觉讯息。

（4）要求将文字进行具有特色的设计，具有吸引力，使消费者快速了解本店信息。

（5）设计规格均为 210mm（宽）× 297mm（高）分辨率 300 dpi。

9.2.2 【项目创意及制作】

1. 设计素材

图片素材所在位置：光盘中的"Ch09 > 素材 > 制作寿司宣传单 > 01~03"。

文字素材所在位置：光盘中的"Ch09 > 素材 > 制作寿司宣传单 > 文字文档"。

2. 设计作品

设计作品效果所在位置：光盘中的"Ch09 > 效果 > 制作寿司宣传单"，如图 9-8 所示。

图 9-8

3. 步骤提示

步骤 ① 　新建图层并将其命名为"圆形"。选择"椭圆选框"工具 ⬭，按住 Shift 键的同时，在图像窗口中绘制一个圆形选区，如图 9-9 所示。

步骤 ② 　选择"渐变"工具 ▦，单击属性栏中的"点按可编辑渐变"按钮 ▬▬◢，弹出"渐变编辑器"对话框，将渐变颜色设为从淡红色（其 R、G、B 的值分别为 162、30、52）到深红色（其 R、G、B 的值分别为 124、25、39），如图 9-10 所示，单击"确定"按钮。选中属性栏中的"径向渐变"按钮 ▣，在选区中从中间向右下角拖曳渐变色，按 Ctrl+D 组合键，取消选区，效果如图 9-11 所示。

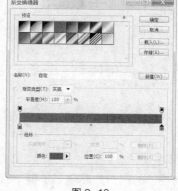

图 9-9　　　　　　　　　　　　图 9-10　　　　　　　　　　　　图 9-11

步骤 ③ 　将前景色设为粉色（其 R、G、B 的值分别为 217、138、160）。选择"横排文字"工具 T，在适当的位置输入需要的文字，选取文字，在属性栏中选择合适的字体并设置文字大小，效果如图 9-12 所示，在"图层"控制面板中生成新的文字图层。选择"横排文字"工具 T，选中数字"5"，在属性栏中选择合适的字体并设置文字大小，填充文字为白色，取消文字选取状态，效果如图 9-13 所示。

图 9-12　　　　　　　　　　　　图 9-13

步骤 ④ 　选择"椭圆"工具 ⬭，单击属性栏中的"路径"按钮 ⬚，在图像窗口中绘制圆形路径，如图 9-14 所示。

步骤 ⑤ 　选择"横排文字"工具 T，将鼠标光标置于路径上时会变为 ⅉ 图标，如图 9-15 所示，单击鼠标左键，在路径上出现闪烁的光标，输入需要的文字并选取文字，在属性栏中选择合适的字体并设置文字大小，并设置文字填充色为淡粉色（其 R、G、B 的值分别为 148、29、48），填充文字，取消文字选区状态，效果如图 9-16 所示。在"图层"控制面板中生成新的文字图层。

图 9-14

图 9-15

图 9-16

9.3 广告设计——制作汽车广告

9.3.1 【项目背景及要求】

1. 客户名称

飞驰汽车集团

2. 客户需求

飞驰汽车集团是以高质量、高性能的汽车产品闻名于世，目前飞驰汽车集团推出最新优惠购车方式，要求制作针对本次活动的宣传广告，能适用于街头派发，橱窗及公告栏展示，以宣传活动为主要内容，要求内容明确清晰。

3. 设计要求

（1）广告背景以飞驰汽车为主，将文字与图片相结合，相互衬托。

（2）文字设计要具有特色，在画面中视觉突出，将本次活动全面概括地表现出来。

（3）设计要求采用横版的形式，色彩对比强烈，形成视觉冲击。

（4）广告设计能够带给观者速度与品质的品牌特色，并体现品牌风格。

（5）设计规格均为 297mm（宽）× 210mm（高）分辨率 300 dpi。

9.3.2 【项目创意及制作】

1. 设计素材

图片素材所在位置：光盘中的"Ch09＞素材＞制作汽车广告＞01~05"。

文字素材所在位置：光盘中的"Ch09＞素材＞制作汽车广告＞文字文档"。

2. 设计作品

设计作品效果所在位置：光盘中的"Ch09＞效果＞制作汽车广告"，如图 9-17 所示。

图 9-17

3. 步骤提示

步骤 1 新建图层并将其命名为"图案"。将前景色设为白色。选择"矩形"工具 ▣，单击属性栏中的"填充像素"按钮 □，在适当的位置拖曳鼠标绘制一个矩形，如图 9-18 所示。

步骤 2 单击"图层"控制面板下方的"添加图层样式"按钮 *fx.*，在弹出的菜单中选择"图案叠加"命令，弹出相应的对话框，选项的设置如图 9-19 所示，单击"确定"按钮，效果如图 9-20 所示。

图 9-18

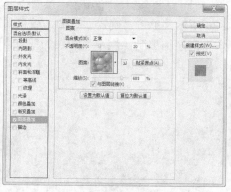

图 9-19

图 9-20

步骤 3 按 Ctrl+O 组合键，打开光盘中的"Ch09 > 素材 > 制作汽车广告 > 03"文件，选择"移动"工具 ⊕，将图片拖曳到图像窗口中适当的位置，效果如图 9-21 所示，在"图层"控制面板中生成新的图层并将其命名为"汽车"。

步骤 4 将"汽车"图层拖曳到"图层"控制面板下方的"创建新图层"按钮 ⬚ 上进行复制，生成新的图层"汽车 副本"。并单击"汽车 副本"图层左侧的眼睛图标 👁，隐藏该图层。

步骤 5 选中"汽车"图层。单击"图层"控制面板下方的"添加图层样式"按钮 *fx.*，在弹出的菜单中选择"投影"命令，弹出相应的对话框，选项的设置如图 9-22 所示，单击"确定"按钮，效果如图 9-23 所示。

图 9-21

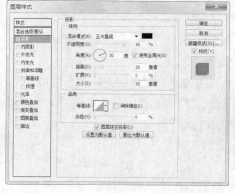

图 9-22

图 9-23

步骤 6 在"图层"控制面板上方，将"汽车"图层的混合模式设为"柔光"，如图 9-24 所示，效果如图 9-25 所示。

图 9-24

图 9-25

步骤 7 选中并显示"汽车 副本"图层，选择"滤镜 > 模糊 > 动感模糊"命令，在弹出的对话框中进行设置，如图 9-26 所示，单击"确定"按钮，效果如图 9-27 所示。在"图层"控制面板中，将"汽车 副本"图层拖曳到"汽车"图层的下方，图像效果如图 9-28 所示。

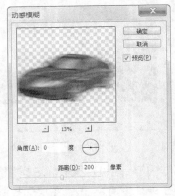

图 9-26

图 9-27

图 9-28

9.4 书籍装帧设计——制作少儿读物书籍封面

9.4.1 【项目背景及要求】

1. 客户名称

佳趣图书文化有限公司

2. 客户需求

《快乐大冒险》是一本少儿科普漫画，以漫画的形式在趣味中使儿童学到知识，要求为《快乐大冒险》设计书籍封面，设计元素要符合儿童的特点，也要突出将漫画与知识相结合的书籍特色，避免出现其他儿童书籍成人化的现象。

3. 设计要求

（1）书籍封面的设计要有儿童书籍的风格和特色。

（2）设计要求将漫画、科学、儿童 3 种要素进行完美结合。

（3）画面色彩要符合儿童的喜好，用色大胆强烈，使用鲜艳的色彩，在视觉上吸引儿童的注意。

（4）要符合儿童充满好奇、阳光向上、色调明快的特点。

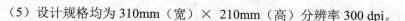

（5）设计规格均为 310mm（宽）× 210mm（高）分辨率 300 dpi。

9.4.2　【项目创意及制作】

1. 设计素材

图片素材所在位置：光盘中的"Ch09 > 素材 > 制作少儿读物书籍封面 > 01~04"。

文字素材所在位置：光盘中的"Ch09 > 素材 > 制作少儿读物书籍封面 > 文字文档"。

2. 设计作品

设计作品效果所在位置：光盘中的"Ch09 > 效果 > 制作少儿读物书籍封面"，如图 9-29 所示。

图 9-29

3. 步骤提示

步骤 1　新建文件，并填充"背景"图层为黄色。单击"图层"控制面板下方的"创建新的填充或调整图层"按钮 ，在弹出的菜单中选择"图案"命令，在"图层"控制面板中生成"图案填充 1"图层，同时弹出"图案填充"对话框，设置如图 9-30 所示，单击"确定"按钮，效果如图 9-31 所示。

图 9-30

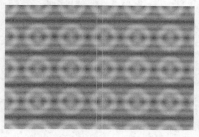

图 9-31

步骤 2　在"图层"控制面板上方，将"图案填充 1"图层的混合模式设为"变亮"，"填充"选项设为 60%，如图 9-32 所示，效果如图 9-33 所示。

图 9-32

图 9-33

步骤 3　按 Ctrl+O 组合键，打开光盘中的"Ch09 > 素材 > 制作少儿读物书籍封面 > 01"文件，选择"移动"工具 ，将图片拖曳到图像窗口中适当的位置，效果如图 9-34 所示，在"图层"控制面板中生成新的图层并将其命名为"纸张"。

CHAPTER 9

步骤 4 单击"图层"控制面板下方的"添加图层样式"按钮 *fx*,在弹出的菜单中选择"投影"命令,弹出相应的对话框,选项的设置如图 9-35 所示,单击"确定"按钮,效果如图 9-36 所示。

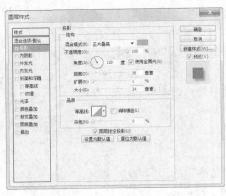

图 9-34　　　　　　　　　　　　　图 9-35　　　　　　　　　　　　图 9-36

步骤 5 选择"钢笔"工具 ,选中属性栏中的"路径"按钮 ,在图像窗口中绘制圆形路径,如图 9-37 所示。选择"横排文字"工具 T,将鼠标光标置于路径上时会变为 图标,单击鼠标,在路径上出现闪烁的光标,输入需要的文字并选取文字,在属性栏中选择合适的字体并设置文字大小,效果如图 9-38 所示,在"图层"控制面板中生成新的文字图层。

图 9-37　　　　　　　　　　图 9-38

步骤 6 单击"图层"控制面板下方的"添加图层样式"按钮 *fx*,在弹出的菜单中选择"描边"命令,弹出相应的对话框,将描边颜色设为白色,其他选项的设置如图 9-39 所示,单击"确定"按钮,效果如图 9-40 所示。使用相同方法为文字添加其他图层样式并制作其他文字,效果如图 9-41 所示。

图 9-39　　　　　　　　　　图 9-40　　　　　　　　　图 9-41

9.5 包装设计——制作茶叶包装

9.5.1 【项目背景及要求】

1. 客户名称

北京青峰茶业有限公司

2. 客户需求

北京青峰茶业有限公司生产的茶叶均选用上等原料并采用独特的加工工艺，以其"汤清、味浓，入口芳香，回味无穷"的特色，深得国内外茶客的欢迎，公司要求制作新出品的大红袍茶叶包装，此款茶叶面向的是成功的商业人士，所以茶叶包装要求具有收藏价值，并且能够弘扬发展茶文化。

3. 设计要求

（1）要求设计人员深入了解大红袍的茶叶文化，根据其文化渊源进行设计，体现人文特色。
（2）包装设计要具有中国传统的文化内涵，以茶具作为包装的元素，在包装上有所体现。
（3）要求用色沉稳浓厚，体现茶叶的内在价值。
（4）以真实简洁的方式向观者传达信息内容。
（5）设计规格均为 340mm（宽）× 400mm（高）× 100mm（厚）分辨率 300 dpi。

9.5.2 【项目创意及制作】

1. 设计素材

图片素材所在位置：光盘中的"Ch09 > 素材 > 制作茶叶包装 > 01~09"。
文字素材所在位置：光盘中的"Ch09 > 素材 > 制作茶叶包装 > 文字文档"。

2. 设计作品

设计作品效果所在位置：光盘中的"Ch09 > 效果 > 制作茶叶包装"，如图 9-42 所示。

图 9-42

3. 步骤提示

步骤 1 将"正面"图层拖曳到"图层"控制面板下方的"创建新图层"按钮 上进行复制，生成新的图层"正面 副本 2"，并调整图层顺序，如图 9-43 所示。按 Ctrl+T 组合键，图像周围出现控制手柄，拖曳控制手柄改变图像的大小和位置，如图 9-44 所示。

图 9-43   图 9-44

步骤 2 按住 Ctrl 键的同时，拖曳右下角的控制手柄到适当的位置，如图 9-45 所示；再拖曳右上角的控制手柄到适当的位置，如图 9-46 所示。使用相同方法调整其他控制手柄，按 Enter 键确认操作，效果如图 9-47 所示。

图 9-45   图 9-46   图 9-47

步骤 3 按 Ctrl+O 组合键，打开光盘中的"Ch09 > 素材 > 制作茶叶包装 > 09"文件，选择"移动"工具 ，将图片拖曳到图像窗口中适当的位置，效果如图 9-48 所示，在"图层"控制面板中生成新的图层并将其命名为"盒底"。使用相同方法制作包装立体侧面，效果如图 9-49 所示。

图 9-48   图 9-49